データ解析の実際

多次元尺度法・因子分析・回帰分析

奥 喜正／髙橋 裕 [共著]

丸善プラネット

はじめに

　多変量データ解析の分析結果を含む会議資料を解読して経営戦略的に総括的な判断，意見を述べる必要性がある方々をおもな読者層に想定して，本書は因子分析と回帰分析の解説を試みる．さらに，和書の説明書が少ない多次元尺度法についても言及する．もちろん，これら3種のデータ解析手法をじっくり勉強したい大学生や社会人にも本書は大いなる満足をもたらすことができるであろう．名称が有名なわりには理解が難しい，この3種の多変量データ解析手法に説明を集中する．

　ところで，多変量データ解析の学習といえば，まずは因子分析が脳裏に思い浮かぶ読者も多いと思う．因子分析の利用経験がすでにあるユーザーであるならば，このモデル構造の実態が予想以上につかみにくく，有効利用に戸惑っている方々も多いと思う．因子分析のモデルは線形代数に準拠しているので，線形代数の知識が不足すると，その理解はどうしても砂上の楼閣になりやすい．そこで，本書は因子分析を学びながら線形代数も併せて学習できるように，説明スタイルに配慮した．理解しにくい因子分析の学習を通して，ともすれば退屈になりがちな線形代数の復習，勉強が出来るように本書は構成されている．

　回帰分析の関連手法は，その歴史が長いことと利用範囲が広い．そのため，多くの分野でよく使われる手法であっても，自分の専門分野の文献にあたっているのみでは触れずじまいという事柄も多々ある．そこで，本書では回帰分析の利用にあたって注意すべき点と対処法の一般的な事柄をはじめに述べたうえで，実際上有効な手法について広くとりあげた．理解の容易化を促すためには小規模な問題が適しているという事実から，多くの手法を単回帰分析の章で説明した．もちろん，そこで説明した内容は，重回帰分析においても有効なもの

ばかりである．

　多次元尺度法 (MDS) は IBM SPSS の Base に実行プログラムが搭載されているにも関わらず，現在では一般ユーザー向けの標準的な和書解説書はほとんど見つからない．知覚マップとしての製品マップを作成するというマーケティング戦略における MDS の応用が一般的に有名ではあるが，計量心理学から誕生したこの手法は，臨床心理学や精神医学分野での適用も筆者は可能であると思っている．カウンセリングや薬物治療過程でクライエントの認知マップを MDS で描き，治療によるマップの変動状況を捉えるなどして，患者さんの認知構造の一部を視覚的に捉えられると想像する．なお，本書では SPSS の base で利用可能な MDS 諸モデルと展開モデルに限定して説明を加えた．

　多変量データ解析手法の多くを初学者は短期間に習得しようとは欲張らないことが，円滑なる学習をするうえで重要な留意点である．まずは，一つのデータ解析モデルについて，徹底的にデータ分析実習と理論研究を交互に行い，理論およびデータ分析双方に精通することが，データ解析学習の早道である．そのようにしておけば，他の多変量データ解析モデルを勉強する際にも容易にかつ短時間に会得できるようになる．コンジョイント分析などの説明はあきらめて，本書があえて3個の手法について説明を絞ったのも，この学習留意点を重視したからである．本書では，多次元尺度法と因子分析を記述統計学の立場から，回帰分析を推測統計学の観点から説明している．

　読者の皆さん，三つの手法の中から一つのモデルを各自の興味に基づいて選択し，データ解析演習を始めましょう．

　最後に，本書の構想，執筆段階で様々な相談に乗って頂いた学習院大学経済学部経営学科の田中伸英先生に深謝する．そして，粗雑な原稿の編集・構成に大いなる労をとられた丸善プラネットの皆様に御礼を申し上げる次第である．

2013 年 8 月

奥　喜　正
髙　橋　裕

目　次

I　心理的イメージを可視化する多次元尺度法

1．多次元尺度法とは …………………………………………………… 1
　⑴　計量的多次元尺度法と非計量的多次元尺度法 ……………… 2
　⑵　MDS のモデルとアルゴリズム ……………………………… 7
　⑶　MDS の入力データ形式 ……………………………………… 9
2．通常のユークリッドモデル ………………………………………… 12
3．重み付きユークリッドモデル（個人差多次元尺度法）………… 18
4．理想点モデル（PREFSCAL）……………………………………… 31
5．多次元尺度法アルゴリズムにおける PROXSCAL アルゴリズム … 36

II　線形代数からみた因子分析

1．因子分析のイメージ ………………………………………………… 43
2．因子分析のモデル …………………………………………………… 44
3．因子分析を理解するために必要な線形代数の知識を復習する … 47
4．具体的なプロ野球データによる因子分析モデルの実際 ………… 52
　⑴　共通因子の抽出 ………………………………………………… 52
　⑵　共通因子数の決定 ……………………………………………… 54
　⑶　初期因子負荷行列の推定と回転 ……………………………… 55
　⑷　因子得点の活用 ………………………………………………… 62

5．因子分析のチェック項目……………………………………… 65
　6．例1　主要疾患粗死亡率データの因子分析…………………… 66
　　　(1) 共通性の推定……………………………………………… 66
　　　(2) 共通因子数の決定………………………………………… 67
　　　(3) 初期因子負荷行列の推定と回転………………………… 67
　　　(4) 因子得点の計算…………………………………………… 70
　7．例2　アルコール飲料市場の製品マップ……………………… 70

Ⅲ　単回帰分析とその応用

　1．回帰分析とは…………………………………………………… 77
　2．単回帰分析……………………………………………………… 78
　3．回帰係数の検定（t 検定）…………………………………… 83
　4．最小二乗推定値の特徴………………………………………… 86
　5．回帰式によって得られる値の信頼区間・予測区間………… 87
　6．単回帰分析の実際：15歳未満人口と幼稚園施設数データの分析・ 90
　7．弾性値（弾力性）：たばこの価格と販売量の関係…………… 98
　8．系列相関の発見と対処（ダービン・ワトソン比と一般化線形二乗法）… 100
　9．ロジスティック回帰分析……………………………………… 112
　10．階級と比率の回帰分析 ……………………………………… 119

Ⅳ　重回帰分析とその応用

　1．重回帰分析とは………………………………………………… 123
　2．回帰係数の検定（F 検定）…………………………………… 127
　3．決定係数の調整………………………………………………… 128
　4．重回帰分析の実際……………………………………………… 128

5．多重共線性……………………………………………………135
6．属性の有無を回帰式に組み込む：ダミー変数………………141
7．構造変化の有無の検定………………………………………145
8．変数選択：ステップワイズ法………………………………147

参考文献……………………………………………………………155
索　　引……………………………………………………………159

分析ソフトウエアについて

各章の分析には，本書執筆時点では少なくとも次のソフトウェアが利用できる．

I　IBM SPSS Statistics base の多次元尺度法 (ALSCAL) で分析できる．本書では，出力情報が豊富な SPSS Category の多次元尺度法 (PROXSCAL) を併用している．理想点モデルのみ SPSS Category の多次元展開 (PREFSCAL) によって実行できる．
II　IBM SPSS Statistics base で分析できる．
III　IBM SPSS Statistics base あるいは Excel の分析ツールで分析できる．
IV　IBM SPSS Statistics base あるいは Excel の分析ツールで分析できる．

IBM, SPSS, Lotus は International Business Machines Corporation, Excel は米国 Microsoft Corporation の商標または登録商標です．

I

心理的イメージを可視化する多次元尺度法

1. 多次元尺度法とは

　多次元尺度法(Multi Dimensional Scaling; MDS)は人間の感覚器官,視覚や聴覚器官が,ある対象(計量心理学では「刺激」とよぶ)に対してどのように反応するか,そのしくみを心理的距離によって捉えようとする試みから発展したデータ解析メソッドである.その応用分野は,当初は計量心理学の分野であった.その後,マーケティング戦略における分析メソッドとして,知覚マップとしての製品マップの作成に貢献した.最近では,応用統計学者かつMDS研究者であるEverittがInstitute of Psychiatry(精神病理学)に所属しているように,精神医学の分野でも欧米では応用が始まっている[1,2].人の内的世界の状態を把握するための可視化診断ツールの一つとして,MDSが有効なツールになる日が到来することを期待したい.

　さて,多次元尺度法とは,対象間の非類似性データ量を距離に変換して,潜在する少数の次元や背後にある認知構造を明らかにしたいときに利用する多変量データ解析手法の一つである.**非類似性データ**(dissimilarity data; proximity data)について,英語圏の国際観光都市(対象)に関する観光客が持つイメージを7点満点で評定してもらう場合を想定し説明する.「ロンドン—エジンバラ」というような2都市間のイメージ相違度を7点満点(図I-1)で評定してもらい非類似性データ δ_{12} を得たとする.おそらく,「ロンドン—ラスベガス」という2都市間イメージ相違の非類似性データ δ_{13} のほうが, δ_{12} よりも大き

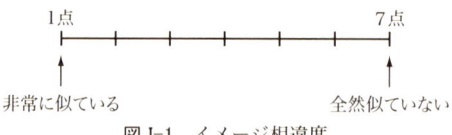

```
1点                    7点
|---|---|---|---|---|---|
    ↑                   ↑
 非常に似ている        全然似ていない
```

図 I-1　イメージ相違度

くなるであろうことは容易に想像できよう．MDS は，非類似性データに基づいて対象群を多次元空間に位置づける手法で，非類似性の大きい対象同士は遠くに，小さい対象同士は近くに位置づけをするデータ解析メソッドとも直感的にはいえる．

(1) 計量的多次元尺度法と非計量的多次元尺度法

本書では，IBM SPSS で多次元尺度法を実際に使用する状況に即して説明を進める．

SPSS「多次元尺度法 PROXSCAL」を選択して，「多次元尺度法ダイアログボックス」で「モデル」ボタンを押すと，「近接変換」の選択が要求される（図 I-2）．ここで，「順序」を選択した場合が，これから説明する非計量的 MDS モ

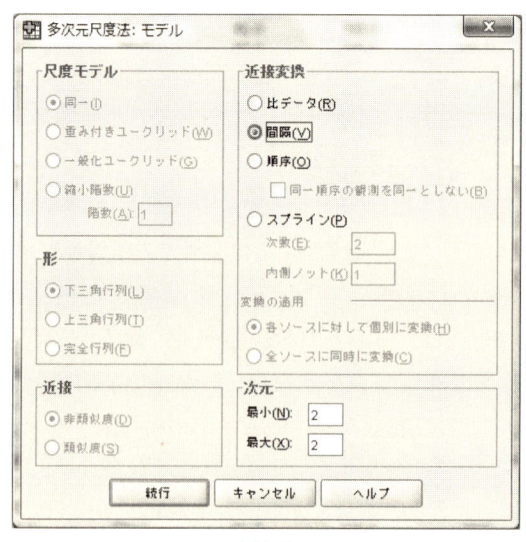

図 I-2

デルに対応し，他方，「間隔」選択の場合が計量的 MDS モデルに相当する．古典的 MDS から説明するデータ解析テキストもあるが，古典的 MDS については，解を求める時に初期値を算出するメソッドとして後ほど解説する．

さて，対象 i, j, k, l 間の非類似性データ δ_{ij}, δ_{kl} があるとする．それらを視覚的に認識できる距離 d_{ij}, d_{kl} に変換することが必要になる．距離は三角不等式

$$d_{ik} \leq d_{ij} + d_{ik} \quad \text{for } \forall\, i, j, k, l \in P \tag{I-1}$$

をみたす非負の量である．ここで，集合 P は対象の全体集合とする．なお，本書ではわれわれが知覚している**ユークリッド空間**における距離で説明する．諸対象間の違い（非類似性データ）を，対象点の空間位置の相違として知覚できるためには，**非類似性データ量を距離**[注1]**に変換**する必要がある．このとき

$$d_{ij} = \alpha + \beta \delta_{ij} + \varepsilon_{ij} \tag{I-2}$$

のように，距離 d_{ij} が非類似性データ δ_{ij} の一次式で変換できると想定するMDS を**計量的多次元尺度法（計量的 MDS）**という．ここで，ε_{ij} は誤差項である．式 (I-2) から計量的 MDS の入力データには，**間隔尺度以上のデータ**であることが必然的に要求される．

ところで，δ_{ij} と d_{ij} の値が与えられていれば，**最小二乗法**により式 (I-2) の定数 α, β の最小二乗推定値が α^*, β^* と推定できて，d_{ij} の推定値 d^*_{ij} は

$$d^*_{ij} = \alpha^* + \beta^* \delta_{ij} \tag{I-3}$$

[注1] 距　離
　　平面上の距離を拡張して，一般的な距離（距離量）を定義する．任意の点 a, b, c について
$$d(a, b) + d(b, c) \geq d(a, c)$$
という性質をもち，非負で対称性のものを距離という．たとえば p 次元空間における市街地距離 $C(i, j)$ は

$$\begin{aligned}
C(i, j) &= \sum_{T=1}^{p} |x_{iT} - x_{jT}| = \sum_{T=1}^{p} |x_{iT} - x_{kT} + x_{kT} - x_{jT}| \\
&\leq \sum_{T=1}^{p} \{|x_{iT} - x_{kT}| + |x_{kT} - x_{jT}|\} \\
&= \sum_{T=1}^{p} |x_{iT} - x_{kT}| + \sum_{T=1}^{p} |x_{kT} - x_{jT}| = C(i, k) + C(k, j)
\end{aligned}$$

という性質が成立するので，市街地距離 $C(i, j)$ は距離といえる．

のように求められ，δ_{ij} と単調増加関係にある d^*_{ij} をディスパリティと MDS ではいう．ディスパリティは，解が存在するユークリッド空間に実在できるものでは必ずしもないが，非類似性データ δ_{ij} 群とは大小関係は完全に保存はされているので**擬似距離**ともよばれる．そこで，現状の布置の d_{ij} と d^*_{ij} の**大小関係がどの程度，一致しているかを評価する適合度基準**に，**ストレス**（正確には，クルスカルの**ストレス 1 式**; STandardized REsidual Sum of Squares; STRESS）とよばれる**モデル適合度の評価基準** S が MDS では利用される[3]．

$$S = \sqrt{\frac{\sum\sum_{i<j}(d_{ij}-d^*_{ij})^2}{\sum\sum_{i<j}d_{ij}{}^2}} \qquad (\text{I-4})$$

次に，主要 8 疾患粗死亡率データ（表 I-1）を計量的 MDS で分析した結果を示す．この解析例で非類似性データ δ_{ij} とディスパリティ d^*_{ij} との関係をみると（図 I-3），δ_{ij} との関係が**単調増加関係よりも強い直線関係が成立している**ことが確認できる．この布置のストレス 1 式値は **0.0368** である．

それに対して，選好データのような**順序尺度データも扱えるようにした**ものが**非計量的 MDS** である．この場合には直線関係ではなく，非類似性データの順序関係のみが保存されるように δ_{ij} を d_{ij} に単調変換する「対応」が，非計量的多次元尺度法（非計量的 MDS）である[注2]．すなわち

$$\delta_{ij} < \delta_{kl} \Rightarrow d_{ij} \leq d_{kl} \qquad \text{for } \forall\, i,j,k,l \in P \qquad (\text{I-5})$$

が成立するように，非類似性データ量を，大小関係（順序関係）のみを保存し

[注 2] 計量的多次元尺度法（計量的 MDS）と非計量的多次元尺度法（非計量的 MDS）
　非類似性データ量 δ_{ij} と距離 d_{ij} との関係に線形関係を仮定する，すなわち

$$d_{ij} = \alpha + \beta\delta_{ij} + \varepsilon_{ij} \qquad (\alpha, \beta \text{は定数})$$

とするものを**計量的 MDS** という．
　それに対して，非類似性データ δ_{ij} と距離 d_{ij} との関係に，広義の単調増加関数 f のみを仮定するもの，$f(\delta_{ij}) = d^*_{ij}$ とするものを**非計量的 MDS** という．クルスカルの単調回帰により d^*_{ij} を求めて，布置を最急降下法などの数値計算法を使用して**逐次近似的**に求める．

て距離に変換することが非計量的 MDS にとって，**本質的な事柄**である．各対象を点として表現する空間，すなわち最終解を MDS では**布置**（configuration）とよぶ．布置の次元を T とすると，対象 i，対象 j の次元 t における座標がそれぞれ x_{it}, x_{jt} のようになったとすると非計量的多次元尺度法は

$$\delta_{ij} \stackrel{m}{=} d^*{}_{ij} \approx d_{ij} = \sqrt{\sum_{t=1}^{T} (x_{it} - x_{jt})^2} \tag{I-6}$$

のように定式化される．ここで，記号「$\approx$」は可能な限り値が近いこと，記号「$\stackrel{m}{=}$」は広義の単調増加関係が成立することを意味する．$d^*{}_{ij}$ は条件式 (I-5) が完全に成立する**擬似距離**であり，非計量的 MDS の際は，布置から計算される**距離** d_{ij} から**クルスカルの単調回帰**[注3]，というアルゴリズムによって計算される擬似距離，ディスパリティである．非計量的 MDS におけるディスパリティでは，

$$\delta_{ij} < \delta_{kl} \Rightarrow d^*{}_{ij} \leq d^*{}_{kl} \quad \text{for } \forall\, i, j, k, l \in P \tag{I-7}$$

という命題が必ず成立する．なお，式 (I-7) は「**弱い単調性** (Weak Monotonicity; WM) ともいわれる．また，$\delta_{ij} = \delta_{kl}$ の場合には，$d^*{}_{ij}$ と $d^*{}_{kl}$ との関係には制約をしない（Primary treatment of ties）．ディスパリティ $d^*{}_{ij}$ は非類似性データを δ_{ij} とすると，非計量的な単調増加変換を f で表して，**非計量的 MDS** は $d^*{}_{ij} = f(\delta_{ij})$ とも書ける．

[注3] **クルスカルの単調回帰**

10 個の非類似性データと対応する当面の距離が以下のようになっている例を以下にしめす．下表からクルスカルの単調回帰を直感的に捉えられたい．

Data δ_{ij}	1	2	3	4	5	6	7	8	9	10		
Current distances d_{ij}	3	5	3	5	8	10	14	11	8	15		
monotone regression	3											
		4	4									
				5	8	10						
							11	11	11	15		
ディスパリティ d^*_{ij}	3	4	4	5	8	10	11	11	11	15		
$(d_{ij} - d^*_{ij})^2$	0	1	1	0	0	0	9	0	9	0	合計	20
d_{ij}^2	9	25	9	25	64	100	196	121	64	225	合計	838

0.023866
ストレス 1 式 0.023866

表 I-1　主要疾患粗死亡率データ

年 度	結 核	悪 性 新生物	心疾患	脳血管 疾 患	肺 炎	肝疾患	老 衰	自 殺
1940	212.9	72.1	63.3	177.7	154.4	12.3	124.5	13.7
1941	215.3	73.9	59.4	174.6	145.2	12.1	125.1	13.6
1942	223.1	74.5	60.1	173.2	146.5	12.4	132.6	13.0
1943	235.3	73.5	62.3	166.0	159.8	12.3	136.1	12.1
1947	187.2	69.0	62.2	129.4	130.1	11.2	100.3	15.7
1948	179.9	708	61.3	117.9	66.2	11.3	79.5	15.9
1949	168.8	73.2	64.5	122.6	68.7	11.7	80.2	17.4
1950	146.4	77.4	64.2	127.1	65.1	10.4	70.2	19.6
1951	110.3	78.5	63.6	125.2	59.8	10.6	70.7	18.2
⋮	⋮	⋮	⋮	⋮	⋮	⋮	⋮	⋮
1988	3.2	168.4	129.4	105.5	46.8	16.2	21.6	18.7
1989	2.9	173.6	128.1	98.5	48.1	16.1	19.4	17.3
1990	3.0	177.2	134.8	99.4	55.6	16.1	19.7	16.4
1991	2.7	181.7	137.2	96.2	56.9	16.1	18.8	16.1
1992	2.7	187.8	142.2	95.6	60.2	16.3	18.9	16.9
1993	2.6	190.4	145.6	96.0	65.5	16.1	18.7	16.6
1994	2.5	196.4	128.6	96.9	67.2	15.6	18.9	16.9
1995	2.6	211.6	112.0	117.9	64.1	13.7	17.3	17.2
1996	2.3	217.5	110.8	112.6	56.9	13.2	16.7	17.8
1997	2.2	220.4	112.2	111.0	63.1	13.3	17.2	18.8
1998	2.2	226.7	114.3	110.0	63.9	12.9	17.1	25.4
1999	2.3	231.6	120.4	110.8	74.8	13.2	18.2	25.0
2000	2.1	235.2	116.8	105.5	69.2	12.8	16.9	24.1
2001	2.0	238.8	117.8	104.7	67.8	12.6	17.6	23.3
2002	1.8	241.7	121.0	103.4	69.4	12.3	18.0	23.8
2003	1.9	245.4	126.5	104.7	75.3	12.5	18.6	25.5
2004	1.8	253.9	126.5	102.3	75.7	12.6	19.1	24.0
2005	1.8	258.3	137.2	105.3	85.0	13.0	20.9	24.2

　粗死亡率データ（表 I-1）に関する非計量的 MDS の布置を図 I-4 に示す．この布置のストレス 1 式の値は 0.021 で，計量的 MDS による解のストレス値 0.0368 よりも小さい．それは，非計量的 MDS では，ディスパリティに課される条件が計量的 MDS に比べて緩いためである．

　要約すると，計量的 MDS の入力データは間隔尺度以上のもので，ディスパリティ d^* は，$d^*_{ij} = \alpha^* + \beta^* \delta_{ij}$ のように δ の一次式で求める．一方，非計量的 MDS は入力データが順序尺度のものでもよくて，「クルスカルの単調回帰」

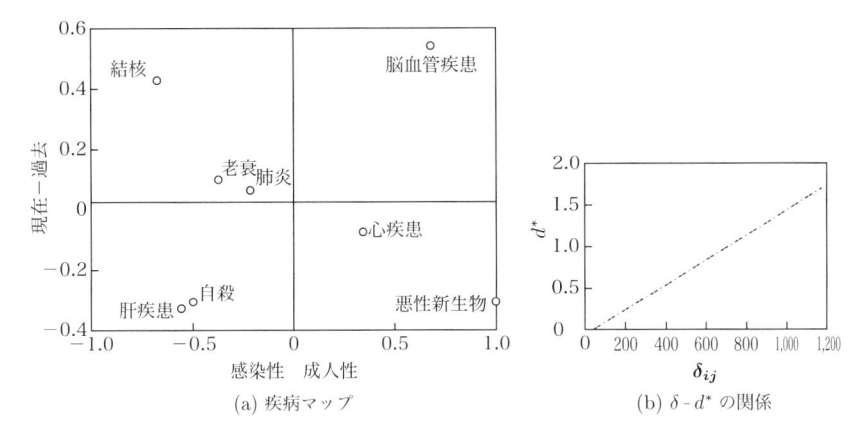

図 I-3 計量的 MDS による疾病マップ (a), δ (非類似性) と d^* の直線関係 (b)

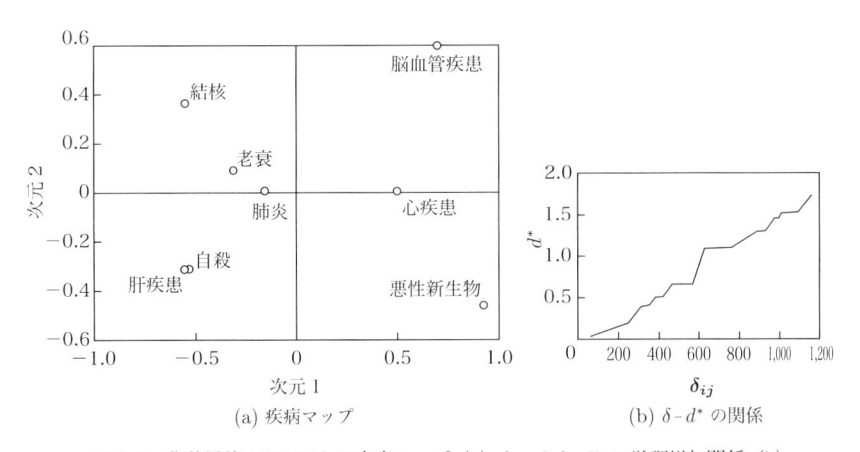

図 I-4 非計量的 MDS による疾病マップ (a) と, δ と d^* の単調増加関係 (b)

というアルゴリズムにより非類似性データ δ と広義の単調増加関係にあるディスパリティ d^* を求める.

(2) MDS のモデルとアルゴリズム

本稿では, IBM SPSS の Base で実行可能なモデル「**通常のユークリッド距離モデル**」と,「**重み付きユークリッドモデル (INDSCAL)**」に限定して説明をす

る．すなわち，対象 i と対象 j を表す点の座標値からなる列ベクトルの位置ベクトルをそれぞれ $\boldsymbol{x}_i, \boldsymbol{x}_j$ とすると

$$(d_{ij}{}^{(s)})^2 = (\boldsymbol{x}_i - \boldsymbol{x}_j)^T W_S (\boldsymbol{x}_i - \boldsymbol{x}_j) \tag{I-8}$$

のように，被験者 S における対象 i と対象 j との距離 $d_{ij}{}^{(s)}$ が定義される[1]．**通常のユークリッドモデル**は式（I-8）で，$W_S = I(I$ は単位行列) の場合に相当する．**重み付きモデル**（Weighted Euclidian Model）は，W は対角行列で対角成分には被験者 S が軸 k を重要視する程度の重み $w_k{}^{(s)}$ が並ぶ場合である．

現在の布置で順序関係が完全に保存されていれば，すなわち式（I-6）が成立すれば，$S = 0$ となる．大小関係の保持が悪くなるにつれて，つまり，適合度が不良になるにつれて S の値は大きくなるが，ストレス 1 式の値 S は最悪でも **0.2 未満であることが要求される．そうでない場合は，布置の次元 T を 1 次元上げて**，改めて布置を求める．

次に，クルスカルの方法，MDSCAL（MultDimensional SCALing）に基づいて MDS の布置を求めるアルゴリズムを簡単に説明する．これは，次のステップから構成される．

① 非類似性データ群 $\{\delta_{ij}\}$ が与えられているとする．
② 布置（configuration）の次元を設定する．
③ 初期布置 X を定める．
④ 布置 X を基準化した布置を Z とする．
⑤ 現在の布置から距離 $\{d_{ij}\}$ を計算する．
⑥ 非類似性 δ_{ij} と単調関係にあるディスパリティ $d^*{}_{ij}$ を，δ_{ij} と d_{ij} から計算する．
⑦ 適合度指標，ストレス値 S を d_{ij} と $d^*{}_{ij}$ とから計算する．
⑧ S が大きければ，逐次近似法を用いて，適合度指標 S の値が小さくなる方向に布置 Z を微小変化 $\varDelta Z$ させて，$Z_{\text{NEW}} \leftarrow Z_{\text{OLD}} + \varDelta Z$ のように更新し，ストレス S を改善して，ステップ④に戻る．
⑨ S が一定以下の値より小さくなれば，それを最終布置 Z_{final} とする．

IBM SPSS Statistics（以下，IBM SPSS と略す）で使用されている **ALSCAL**

(Alternating Least squares SCALing) や **PROXSCAL** (PROXimity SCALing) のアルゴリズムの基本的枠組みは，MDSCAL から変化させたものと思えば理解しやすい[4]．とくに，本稿で利用する PROXSCAL は⑦，⑧を変更したものと考えればわかりやすく，そのアルゴリズムについては後述，説明する[5]．クルスカルの方法による布置は，反転や回転，一様な拡張を施してもよいが[17]，因子分析とは異なり MDS では解を回転する必要がないことが知られている．

(3) MDS の入力データ形式

MDS で使用するデータ形式について説明する[6]．図 I-5 で被験者が 1 人の

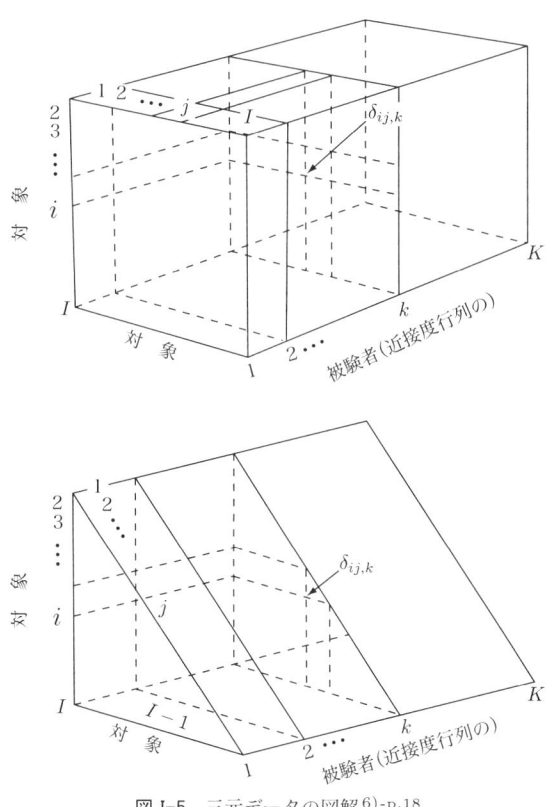

図 I-5 三元データの図解[6]-p.18

場合が Two-way, つまりデータ行列が 1 個の場合である．この場合では通常の「重みなしユークリッドモデル」で分析すればよい．それに対して，被験者が複数の場合，たとえば，年度ごとに得られるプロ野球成績データや，経時的に行われる患者の健康診断データなどは Three-way data となる．対応する解析法には，被験者間の個人差や測定時点差，年度差などを考慮できる，INDSCAL とよばれるような「重み付きユークリッドモデル」が選ばれる．

MDS のアルゴリズムが直接計算対象とするデータは非類似性データであり，IBM SPSS で「分析」から「多次元尺度法」を選ぶと最初に，「データ形式：選択ダイアログボックス」が出てくる（図 I-6）．ここで，「データから近接を作成」を選択する場合が，属性データから非類似性データを作成する場合に相当する．実際のデータ収集に際してよく得られる**属性データ**は，対象について予め用意された属性項目について 5 点評点（あるいは，7 点評点）で被験者（消費者）に評価してもらうデータ形式である．

もう一つのデータ形式は非類似性データで，この場合はダイアログボックスで「データは近接」を選択する．調査対象である N 個の対象から形成されるすべてのペア群，つまり $_NC_2 = N(N-1)/2$ 個のペアについて，非常に似て

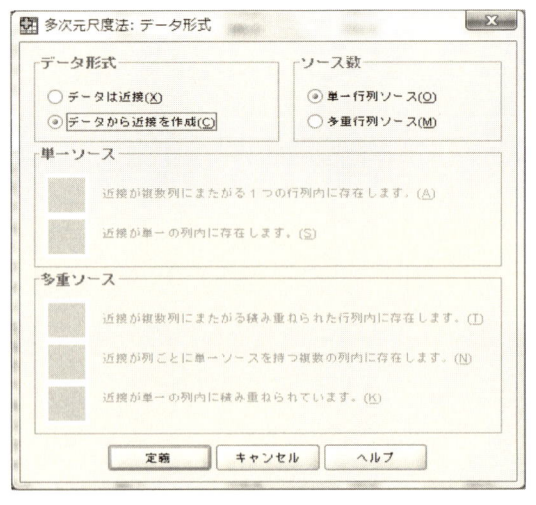

図 I-6

いるペアには1点，まったく似ていないペアについては10点というように点数を与えて**非類似性データ**が作成される．非類似性データは，そのままMDSの入力データとして使用できる．例えば，各種ミネラルウォーターのような商品では，それらを評価する商品属性群が未だ明確になっていない．このような場合に相異なるアイテムを2対にして5点満点などで2対の非類似性度合いを直接，被験者に問いMDSの非類似性入力データとして利用する．

非類似性入力データ例を次に示す．新宿駅を起点とした山手線各駅までの，おおよその所要時間は，もちろん距離である非類似性データ δ_{ij} である．この所要時間を要素とする非類似性データ行列 $\varDelta = [\delta_{ij}]$ をそのまま入力データとして，非計量的MDSで解析してストレス1式値が0.012の適合度良好な二次元解を得た．

現実の地図では山手線のラインは南北に長い楕円を形成するが，所要時間からMDSにより作成された多次元尺度法山手線マップは図I-7のように多少，横長の楕円となっている．

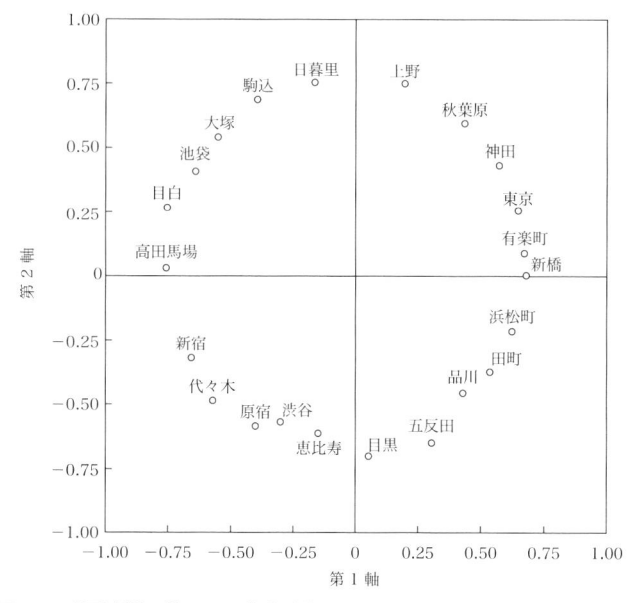

図I-7 所要時間に基づいた非計量的MDSによる二次元山手線沿線マップ

表 I-2　おおよその山手線駅間所要時間データ（非類似性データ）

	新宿	代々木	原宿	渋谷	恵比寿	目黒	五反田	品川	田町	浜松町	...	池袋	目白	高田馬場
新　　宿	0													
代　々　木	2	0												
原　　宿	4	2	0											
渋　　谷	6	4	2	0										
恵　比　寿	8	6	4	2	0									
目　　黒	10	8	6	4	2	0								
五　反　田	13	11	9	7	5	3	0							
品　　川	16	14	12	10	8	6	3	0						
田　　町	18	16	14	12	10	8	5	2	0					
浜　松　町	20	18	16	14	12	10	7	4	2	0				
...	...	...	...	...	...	...	...	...	...	...				
...	...	...	...	...	...	...	...	...	...	...				
池　　袋	8	10	12	12	14	18	19	24	23	24	22	0		
目　　白	6	8	10	10	12	16	33	22	21	26	24	2	0	
高田馬場	4	6	8	8	10	14	17	20	19	24	26	4	2	0

表 I-3　ストレスと適合の測度

正規化された原ストレス	0.00015
ストレス 1	0.01233[a]
ストレス 2	0.03080[a]
S-ストレス	0.00067[b]
説明された散らばり（D.A.F.）	0.99985
Tucker の適合係数	0.99992

PROXSCAL は正規化された原ストレスを最小化する．
a. 最適尺度因子=1.000．b. 最適尺度因子=1.000．

2. 通常のユークリッドモデル

　データ行列で行が属性，列が対象という 2 相が異なるときは 2-mode という．本稿では Two-mode Two-way data を通常のユークリッドモデルにより分析する具体例によって，MDS の解析プロセスを解説する．当該調査は，被験者，具体的には筆者の 4 年ゼミに所属するアルコール類をよく飲む学生 7 人が，各種アルコール飲料に対してもつイメージを，居酒屋とホテルのバーという異なる

2カ所で実際に飲酒してもらって，10属性に関してそれぞれのアルコール飲料について5点満点で評価してもらってデータを得た．**属性型アンケートデータ**がこの分析例の入力データである（表 I-4）．それぞれの行列の成分は評定合計値を解答者数で除したものである．5種類のアルコール飲料をすべて飲むことができない学生も当然のことながら居たので，解答者数は行列の列ごとに異なる．

表 I-4　バーと居酒屋でのアルコール類イメージデータ（入力データ）

	バー (B)					居酒屋				
	ドライB	赤ワインB	日本酒B	ブランデーB	ウイスキーB	ドライビール	赤ワイン	日本酒	ブランデー	ウイスキー
スマートな	3.00	3.80	3.00	4.00	4.00	2.14	4.00	2.75	3.00	3.33
男性的な	3.80	2.40	4.00	5.00	3.50	4.43	2.33	4.50	4.00	4.33
都会的な	3.00	4.60	2.00	4.00	4.00	2.14	5.00	2.75	4.00	4.33
飲みやすい	4.40	4.40	3.00	3.00	4.00	3.86	3.00	2.50	2.00	2.00
若者向きな	3.20	3.00	2.00	3.00	3.00	3.29	3.33	2.50	2.00	1.67
高級な	2.60	4.80	4.00	5.00	4.00	1.29	4.67	2.00	5.00	4.33
ムードがある	3.20	4.80	4.00	4.00	4.50	2.14	5.00	1.75	4.00	3.67
さわやかな	4.00	3.40	4.00	3.00	3.00	3.43	3.00	2.00	2.00	2.00
家庭的な	3.40	2.60	3.00	3.00	2.50	4.29	1.67	3.75	2.00	3.33
きつい	1.40	2.80	3.00	5.00	3.00	1.71	3.00	4.25	5.00	5.00

アルコール飲料間の「非類似性 δ」は次のように計算する．たとえば，バーでドライビールを嗜んだ場合と，バーで赤ワインを飲んだ場合の両アルコール飲料間の非類似性は，δ の添え字をそれぞれ，1：ドライB，2：赤ワインB とすると，δ_{12} と表現できて表 1-4 から

$$\delta_{12} = \sqrt{(3.00-3.80)^2 + (3.80-2.40)^2 + \cdots + (3.40-2.60)^2 + (1.40-2.80)^2}$$
$$= 3.945$$

のように，ユークリッド距離的な非類似性データ δ_{12} は求められる．同様に，10個の全対象間で，$_{10}C_2 = 45$ 個の非類似性データ群 $\{\delta_{ij}\}$ を計算して，非類似性行列 Δ を表 1-5 のように作成する．一般的に，対象 i, j の p 個の属性に関する属性データが列ベクトル $\boldsymbol{i} = (x_{1i}, x_{2i}, \cdots, x_{pi})^T$，$\boldsymbol{j} = (x_{1j}, x_{2j}, \cdots,$

$x_{pj})^T$ である場合に，対象 i と対象 j との非類似性データ δ_{ij} を計算するには

$$\delta_{ij} = \left[\sum_{T=1}^{p} |x_{Ti} - x_{Tj}|^r\right]^{1/r}$$

あるいは，属性ごとにデータを標準化した場合は

$$\delta_{ij} = \left[\sum_{T=1}^{p} |z_{Ti} - z_{Tj}|^r\right]^{1/r}$$

という式を利用すればよい．この分析例では $r=2$ を採用し，**ユークリッド距離的な非類似性データ**を作成した（表 I-5）．$r=1$ の場合は「市街地距離」という．どのような整数値 r を採用するかは，刺激（対象）に対して被験者がどのように反応するかによる．

表 I-5 アルコールイメージデータから計算された非類似性データ行列

	バー (B)					居酒屋				
	ドライB	赤ワインB	日本酒B	ブランデーB	ウイスキーB	ドライビール	赤ワイン	日本酒	ブランデー	ウイスキー
ドライB										
赤ワインB	3.945									
日本酒B	3.124	3.842								
ブランデーB	5.095	3.868	3.606							
ウイスキーB	3.211	1.646	2.958	2.958						
ドライビール	2.494	6.059	4.216	6.158	5.080					
赤ワイン	4.817	1.845	4.333	3.887	2.205	6.710				
日本酒	4.407	5.943	4.070	4.479	4.724	3.553	6.070			
ブランデー	5.793	4.261	3.870	2.450	3.570	6.691	3.712	4.479		
ウイスキー	5.520	4.517	3.890	2.330	3.680	6.136	4.282	3.698	1.667	

この非類似性データ δ_{ij} から対応する距離データ d_{ij} を計算し，続いて，距離データ d_{ij} と非類似性データ δ_{ij} から「クルスカルの単調回帰」を使用してディスパリティ d^*_{ij} を計算する．

δ_{ij} と d^*_{ij} との関係を散布図で示すと図 I-8 のようになり，この散布図から **δ と d^*** との関係には，広義の単調増加関係が完全に成立していること，つま

2. 通常のユークリッドモデル　15

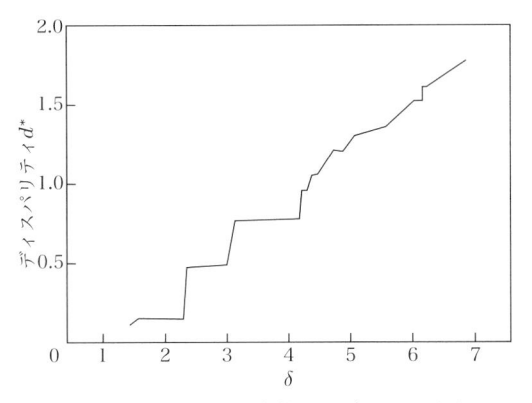

図 I-8　単調増加関係にある δ（非類似性データ）と d^*（ディスパリティ）

表 I-6　アルコールイメージデータの場合の距離行列

	バー（B）					居酒屋				
	ドライ B	赤ワイン B	日本酒 B	ブランデー B	ウイスキー B	ドライビール	赤ワイン	日本酒	ブランデー	ウイスキー
ドライ B	0.000									
赤ワイン B	0.887	0.000								
日本酒 B	0.522	0.771	0.000							
ブランデー B	1.224	0.811	0.748	0.000						
ウイスキー B	0.808	0.266	0.552	0.590	0.000					
ドライビール	0.578	1.420	0.786	1.518	1.277	0.000				
赤ワイン	1.143	0.284	0.926	0.704	0.376	1.645	0.000			
日本酒	1.077	1.454	0.717	1.045	1.202	0.893	1.542	0.000		
ブランデー	1.392	0.987	0.9	0.18	0.773	1.649	0.853	1.085	0.000	
ウイスキー	1.303	1.072	0.78	0.3	0.825	1.481	0.998	0.846	0.249	0.000

り，δ と d^* との間では，大小関係が完全に保存されていることが確認できる．

ところが，非類似性データと距離との間では，必ずしも大小関係が保存されていないことが表 I-5，表 I-6 からわかる．たとえば，第 3 列の対象（具体的には，3：日本酒 B）と第 9 列の対象 9（9：ブランデー），第 10 列の対象 10（10：ウイスキー）の非類似性データの大小関係は，$\delta_{39} = 3.87, \delta_{3,10} = 3.89$，つまり，$\delta_{39} < \delta_{3,10}$ であるのに，対応する距離は $d_{39} = 0.9 > d_{3,10} = 0.78$，である．すなわち $\delta_{39} < \delta_{3,10}$ に対して $d_{39} > d_{3,10}$ のように変換されていて，必ずしも順序関係を保存するような変換が二次元布置では実現できていない．

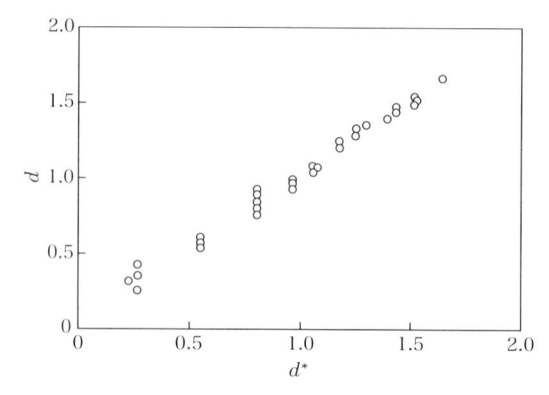

図 I-9　d^*（ディスパリティ）と d（距離）との関係

δ_{ij} と単調増加関係にある $d^*{}_{ij}$ と，実際に得られた布置の距離 d_{ij} との剥離の二乗 $(d_{ij} - d^*{}_{ij})^2$ の和を，距離の総和 $\sum\sum_{i<j} d^2_{ij}$ で除した式 (I-4) の**ストレス 1 式**は，非類似性データの順序関係がどの程度，保たれて距離に単調増加変換がなされているかを表すが，それによる**布置の良悪の判断**には表 I-7 が参考になる[3]．

表 I-7　ストレス 1 式による適合度の評価規準[1]-p.34

ストレス (%)	Goodness-of-fit
20	Poor
10	Fair
5	Good
2.5	Excellent
0	Perfect

MDS の**適合度指標**には，**ストレス 1 式**が標準的には利用されるが，その他には ALSCAL の最適化の目的関数として使用される「S-ストレス」や[4]，PROXSCAL で利用している「raw ストレス」もある．この分析例における各種ストレス値は表 I-8 のとおりである．当該分析例では PROXSCAL を実行アルゴリズムとして利用し，ストレス 1 式値は二次元解で 0.0429 となっており 0.05 未満であるので，この二次元布置は良好な（Good）最終解といえる．

表 I-8　アルコールデータ解析の二次元布置の適合度

正規化された原ストレス	0.00184
ストレス 1	0.04289[a]
ストレス 2	0.11073[a]
S-ストレス	0.00287[b]
説明された散らばり（D.A.F.）	0.99816
Tucker の適合係数	0.99908

PROXSCAL は正規化された原ストレスを最小化する．
a. 最適尺度因子=1.002．b. 最適尺度因子=1.000．

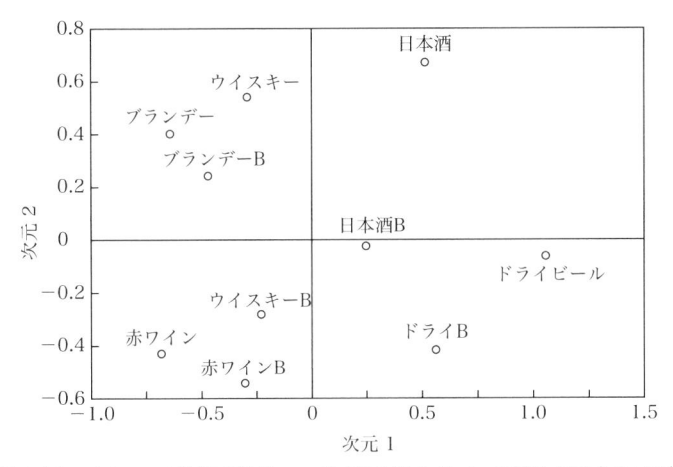

図 I-10　アルコール飲料の製品マップ（添え字 B はバーで飲んだ場合を示す）

　そして，アルコール飲料の知覚空間を確定して，アルコール飲料を飲む場所の違いで消費者のイメージ認知がどの程度，変動するかを把握するために，**知覚マップ**を作成する．知覚マップとは，被験者の心の中での対象やブランドの位置づけを可視化したものである．被験者が消費者で，対象が製品の場合には，知覚マップは**製品マップ**となる（図 I-10）．

　この分析例では，アルコール飲料の製品空間は二次元空間で捉えられて，製品マップの横軸は「飲みやすい―アルコール度が強い」，縦軸は「中年男性的な―スマートな」と解釈できる．ゼミ学生達は各種アルコール飲料について，"飲みやすさ" と "スマートさ" という 2 要因で飲酒行動をしているようすが推

察できた（図 I-10）．次に，アルコール飲料を楽しむ場所の違いの影響を調べる．バーで飲んだ場合のドライビール，日本酒のマップでの対象点が，居酒屋での対象点よりも左下にかなり移動していることから，バーでビールなどの大衆酒を飲むと「スマートで多少アルコール度を強く」感じて，ほどよく酔えるのであろう．他方，ウイスキーや赤ワインなどの高級酒では，バーでの対象点が居酒屋のそれよりも右下に移動しているので，バーでウイスキーなどを飲んだ際，スマートで気持ちよく，アルコール度数があまり気にせずに，飲み過ぎるのかもしれない．また，バーで楽しむ場合，赤ワインとウイスキーが製品マップ上でそれぞれの位置が近くにあることから，競合関係，代替財になりうることは興味深い．実際，ベテランバーテンダーによれば，ワインを楽しんでから，ウイスキーを飲む常連客が 2 割程度，バーではいるようである．

3. 重み付きユークリッドモデル（個人差多次元尺度法）

重み付きユークリッドモデルの **INDSCAL**(INdividual Difference SCALing: 個人差多次元尺度法) は三元データを分析して，被験者全体に共通する対象を布置した「共通（対象）空間 X」と，被験者間の認知差を示す「被験者空間 W」を出力するモデルである[7]．被験者ごとに次元に与える重み付けを変化させることで，被験者間の個人差を表現する．被験者 k における対象 i と j の距離 $d_{ij,k}$ は

$$d_{ij,k} \cong \left[\sum_{t=1}^{T} w_{kt}(x_{it} - x_{jt})^2\right]^{1/2} \qquad (\text{I-9})$$

のように定式化する．被験者数を N 人とすると，w_{kt} は被験者 $k(k=1,2,\cdots,N)$ が次元 $t(t=1,2,\cdots,T)$ を重要視する程度を表す非負の重み値である．x_{it} と x_{jt} は共通対象空間の第 t 次元における，対象 i と対象 j の座標値である．すなわち，x_{it} とは被験者全体に共通する共通対象空間での対象 i の t 座標値であるのに対して，特定の個人 k から対象を眺めた場合，対象 i の布置は

$$x_{it}{}^{(k)} = \sqrt{w_{kt}}\, x_{it}$$

となり，これが被験者 k の**個別空間**を形成する．つまり，被験者 k では座標軸 t が $\sqrt{w_{kt}}$ だけ伸縮されて個別空間が形成される．INDSCAL モデルは，被験者ごとの個別空間は，共通空間を $\sqrt{w_{kt}}$ だけ **t 座標軸**を引き伸ばしたり縮めたりして，被験者間の知覚差を表現するモデルである．

IBM SPSS で INDSCAL を実行するには，「多次元尺度法のモデル，ダイアログボックス」で，尺度モデルにおいて「重み付きユークリッド」を選択することが不可欠となる（図 I-11）．

INDSCAL において解を求めるアルゴリズムを説明する．式 (I-9) の形では $d_{ij,k}$ から w_{kt}, x_{it}, x_{jt} を得ることは困難である．そこで，距離 $d_{ij,k}$ を対象 i と対象 j を表す位置ベクトルの内積 $b_{ij,k}$ にダブルセンタリング（Double Centring Method）[注4] という方法を用いて変換すると

$$b_{ij,k} = \sum_{t=1}^{T} w_{kt} x_{it} x_{jt} + e_{ijk} \qquad (\text{I-10})$$

のように式 (I-9) は書ける．ここで，e_{ijk} は誤差項である．添え字 k は異なる被験者を示し，N は被験者総数として，式 (I-10) を行列表示すると

$$B^{(k)} = X W^{(k)} X^T + E^{(k)} \qquad (k = 1, 2, \cdots, N) \qquad (\text{I-11})$$

のようになり，INDSCAL は式 (I-11) で定義できる．$b_{ij,k}$ が与えられたとき T の値を固定すれば，$b_{ij,k}$ に最小二乗的にあてはまりのよい w_{kt}, x_{it}, x_{jt} が得られる．具体的には，式 (I-11) の右辺で左側の X を X^L，右側の X を X^R と

[注4] Double Centering Method

$$d_{i\cdot}^2 = \frac{1}{n} \sum_{j=1}^{n} d_{ij}^2, \quad d_{\cdot j}^2 = \frac{1}{n} \sum_{i=1}^{n} d_{ij}^2, \quad d_{\cdot\cdot}^2 = \frac{1}{n^2} \sum_{i=1}^{n} \sum_{j=1}^{n} d_{ij}^2$$

とおくと，対象 i と対象 j の内積 b_{ij} は

$$b_{ij} = -\frac{1}{2}\left[d_{ij}^2 - d_{i\cdot}^2 - d_{\cdot j}^2 + d_{\cdot\cdot}^2\right]$$

のように求められる．

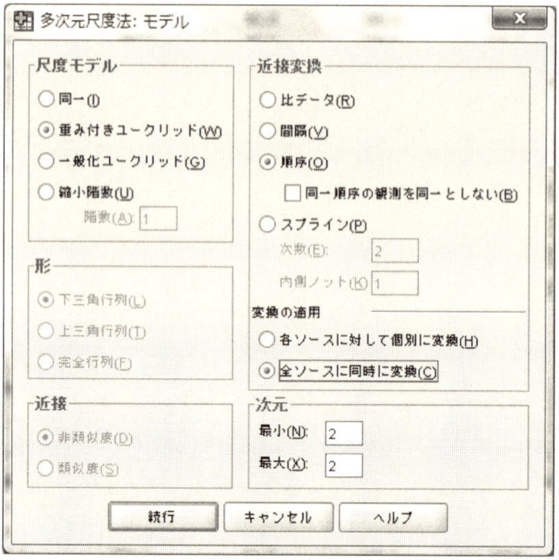

図 I-11

おいて別々の行列として扱い，W, X^L, X^R を推定する問題に置き換える．たとえば，X^L, X^R を固定して式 (I-12) の左辺が最小になるように W を推定し，次に W, X^R を固定して X^L を推定するというような**交互最小二乗法**を利用して逐次近似解を求める．すなわち

$$\sum_i \sum_j \sum_k (b_{ij,k} - \sum_{t=1}^{T} w_{kt} x_{it} x_{jt})^2 \to \min \qquad (\text{I-12})$$

が成立するように交互最小二乗法を使用して計算するものが，内積法（inner products method）とよばれる INDSCAL プログラムである[1,7]．なお，INDSCAL は**計量的 MDS** であり，IBM SPSS で採用されているアルゴリズム PROXSCAL や ALSCAL とは異なる[4]．

重み付きユークリッドモデルとしての個人差多次元尺度法 INDSCAL の使用例を以下に示す．各種アルコール飲料に関するイメージについて，年齢，性別という細分化変数によるセグメントを考慮して，おのおののセグメントにアルコール飲料の知覚空間の相違を把握して，製品マップを作成することを目的として，INDSCAL を利用してアルコール飲料データ解析を行った．被験者は

ターゲットサンプリングによる 60 人のアルコール消費者である．つまり，アルコール飲料をある程度は飲んでいて，それぞれの飲料についてアンケートに適切に解答可能な被験者に絞るというターゲットサンプリングを実施して，データ収集を行った．ここで，被験者，つまり，セグメントは「若年男性」「壮年男性」「高感受性女性」「普通若年女性」の 4 個で，三元データにおける被験者数は 4 となる．「高感受性女性」と「普通若年女性」の区別は，別の研究によって分類された[8]．高感受性女性とは，一般的によくアルコール飲料に親しみ，おしゃれ感覚にも優れた女性群と想定される．一方，普通若年女性は，アルコール飲料に親しむ頻度がそれ程多くはない若年女性たちである．この分析では PROXSCAL アルゴリズムを採用して INDSCAL を実行した．この場合のストレス 1 式 S の式は以下のようになり，$N = 4$ であって

$$S = \left[\frac{1}{N}\sum_{k=1}^{N} \frac{\sum\sum_{i<j}(d_{ij}^{(k)} - d_{ij}^{*(k)})^2}{\sum\sum_{i<j} d_{ij}^{(k)2}}\right]^{1/2}$$

のようになる．ストレス 1 式の値は三次元布置で 0.129 となり，モデル適合度は中程度といえる．INDSCAL による布置の模式図を図 I-12 に示す．

表 I-9　INDSCAL によるアルコール飲料三次元布置のモデル適合度

正規化された原ストレス	0.1658
ストレス 1	0.12876[a]
ストレス 2	0.40834[a]
S-ストレス	0.04436[b]
説明された散らばり（D.A.F.）	0.98342
Tucker の適合係数	0.99168

PROXSCAL は正規化された原ストレスを最小化する．
a. 最適尺度因子 = 1.017．b. 最適尺度因子 = 0.988．

三次元布置の軸解釈は，第 1 軸は「飲みやすい―アルコール度がきつい」，第 2 軸は「日常的な―馴染のうすい」，第 3 軸は「やぼったい―スマートな」のように行った．共通知覚空間が三次元であるので，視覚的理解を助けるために三次元布置と行列散布図の両方を示す（図 I-13）．**布置が三次元以上になる場合は行列散布図を活用すべきである．**なお，MDS の布置次元を無理に二次元にする必要性はまったくない．

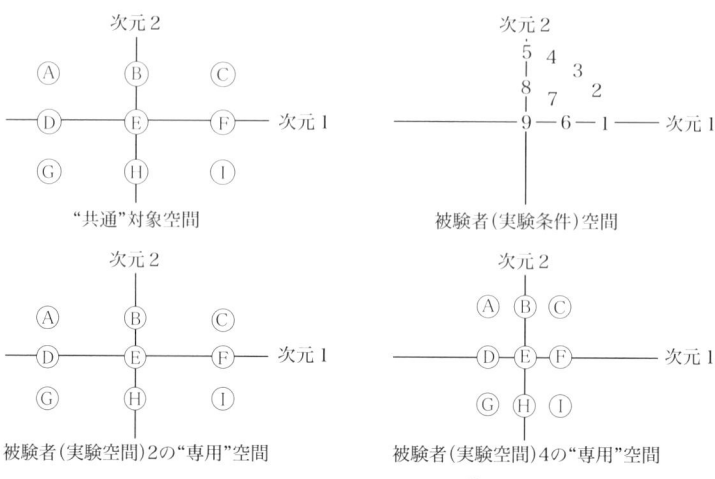

22   I   心理的イメージを可視化する多次元尺度法

図 I-12　INDSCAL 解の模式図[6)-p.32]

"共通"対象空間

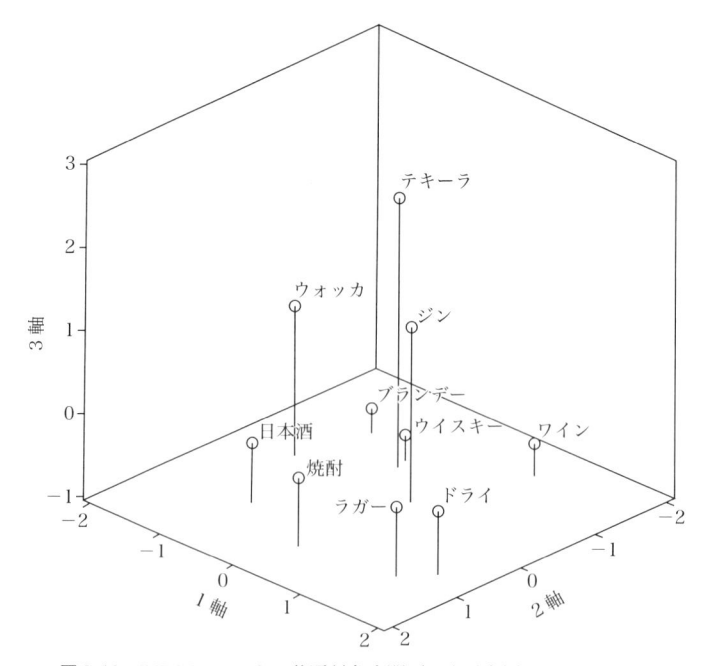

被験者(実験条件)空間

被験者(実験空間)2の"専用"空間

被験者(実験空間)4の"専用"空間

図 I-13　INDSCAL による共通対象空間（三次元布置と行列散布図）

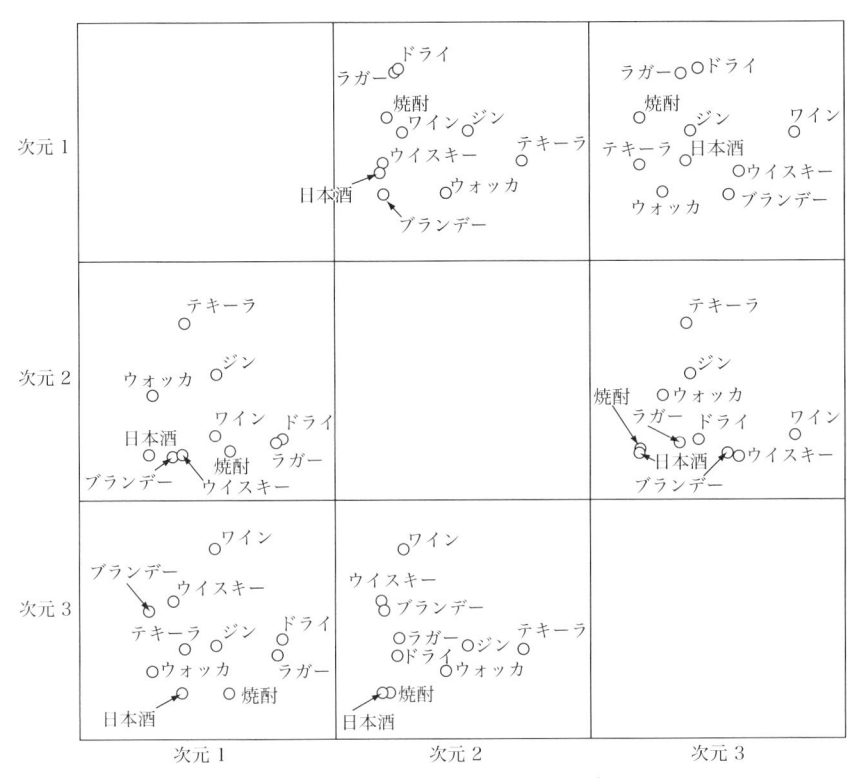

3. 重み付きユークリッドモデル（個人差多次元尺度法）

図 I-14　三次元共通空間に対する行列散布図

表 I-10　三元データ解析における二次元布置のモデル適合度

正規化された原ストレス	0.03585
ストレス 1	0.18934[a]
ストレス 2	0.48835[a]
S-ストレス	0.09307[b]
説明された散らばり（D.A.F.）	0.96415
Tucker の適合係数	0.98191

PROXSCAL は正規化された原ストレスを最小化する．
a. 最適尺度因子=1.037．b. 最適尺度因子=0.976．

　個人差多次元尺度法を利用する場合には 3〜5 次元布置が最終解になる場合もあるが，そのさいは**行列散布図**を活用すればよい．この分析では，モデル適合度はやや劣るが個人差について説明しやすい二次元布置を採用して，セグメ

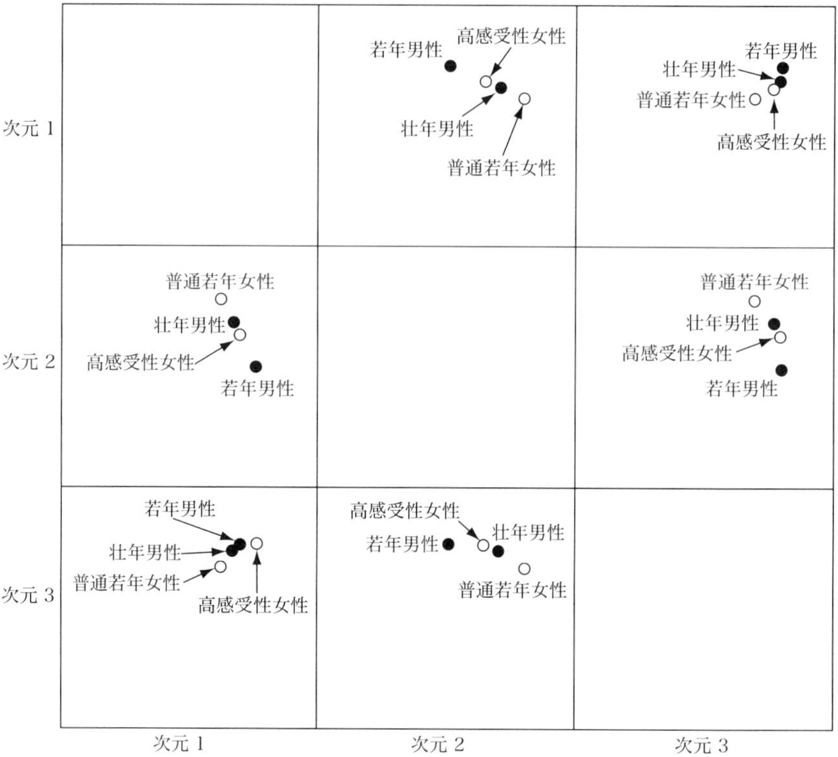

24　I　心理的イメージを可視化する多次元尺度法

図 I-15　INDSCAL による三次元解での被験者空間

ント差を説明する．モデル適合度指標のストレス 1 式値は 0.189 であり，良好な布置ではない．二次元製品マップにおける共通空間の横軸は，「飲みやすい―アルコール度がつよい」，そして，縦軸は「やぼったい―スマートな」のように解釈した．

　この三元データ解析の非類似性データ δ とディスパリティ d^* の単調増加関係について図 I-16 をみると，PROXSCAL による計算では**セグメント別に単調変換がなされている様子**が理解できる．つまり，セグメントごとに広義の単調増加関係が成立している．これは

$$f^{(k)}(\delta^{(k)}) = d^{*(k)}$$

と明示的な式で表現できる．セグメントごとの知覚の相違を考慮して，セグメ

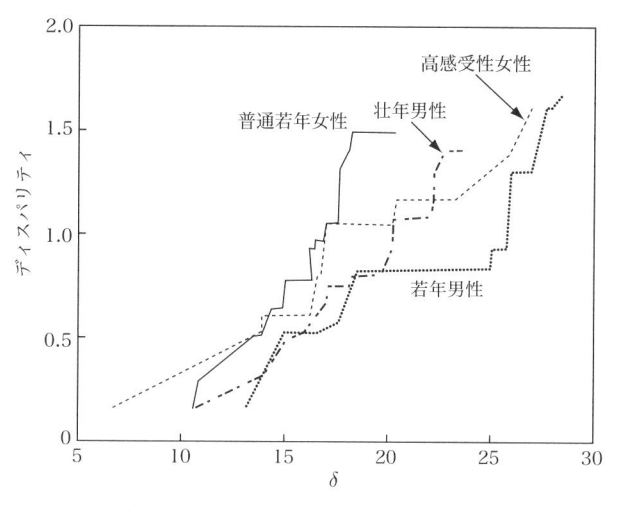

図 I-16 δ（非類似性データ）と d^*（ディスパリティ）との関係

ントごとに別個の単調増加関数を用いる（$f^{(k)}$ に添え字 k が付加されていることに要注意）変換を Matrix Conditionality という[1,9]．

続いて，個別空間について検討する．PROXSCAL では個別空間が出力されるので便利である．

個別空間について考察すると，高感受性女性群は，第 1 軸，すなわち，「飲みやすさ」を重視して各種アルコール類を楽しんでいるようである．それに対して，壮年男性群は両軸をほぼ均等に考慮して，長い年月アルコール類に親しんだ経験からバランスのよい知覚形成ができているようだ．普通若年女性セグメントは，アルコール飲料の認知は「スマートさ」を重視してはいるが，やや曖昧な判断も感じられ，実際に，**高感受性女性群のビール**と**焼酎**の心理的距離は普通若年女性群のそれの**約 2 倍**も長い．言い換えれば，普通若年女性セグメントの消費者群は，各種アルコール類の相違を明確には判断できずに飲酒行動をしているのかもしれない．

この例のように，セグメント別に製品マップを必要とする場合，または，実験条件別に知覚マップが必要になる場合や，被験者の状況別にマップが欲しい際に，重み付きユークリッドモデルがとても有効になる．

図 I-17　二次元共通空間

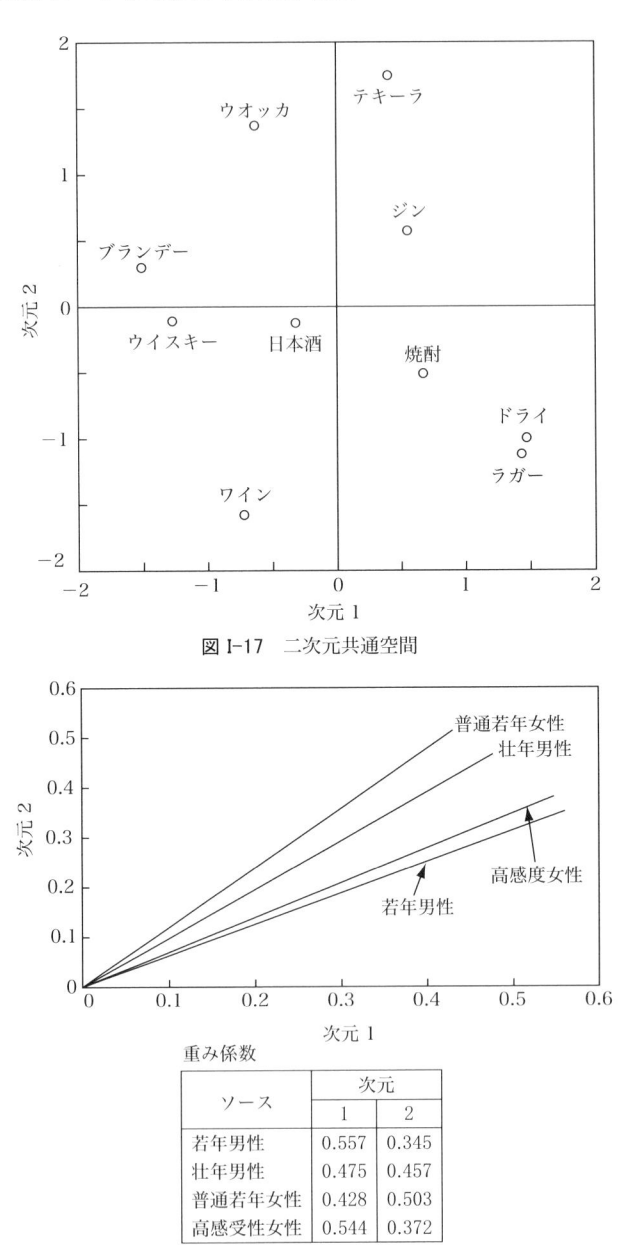

図 I-18　二次元被験者空間（上）と各セグメントの INDSCAL 重み係数（下）

重み係数

ソース	次元	
	1	2
若年男性	0.557	0.345
壮年男性	0.475	0.457
普通若年女性	0.428	0.503
高感受性女性	0.544	0.372

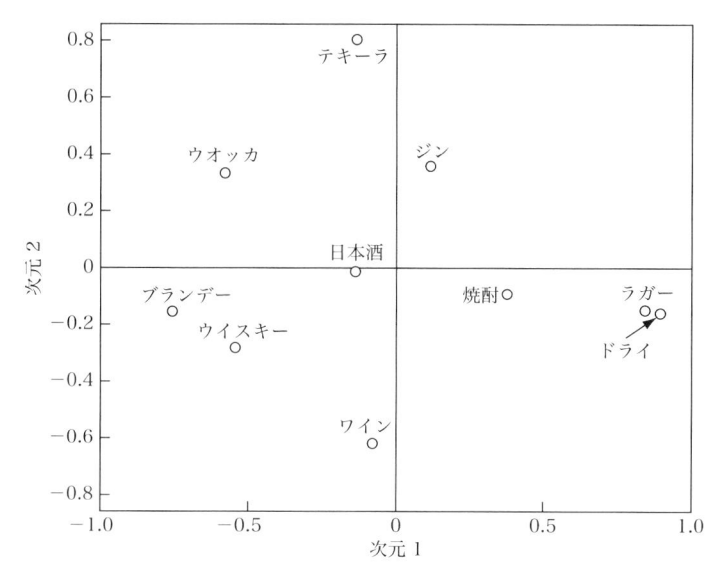

3. 重み付きユークリッドモデル（個人差多次元尺度法）　27

図 I-19　高感受性女性セグメントの個別空間，製品マップ

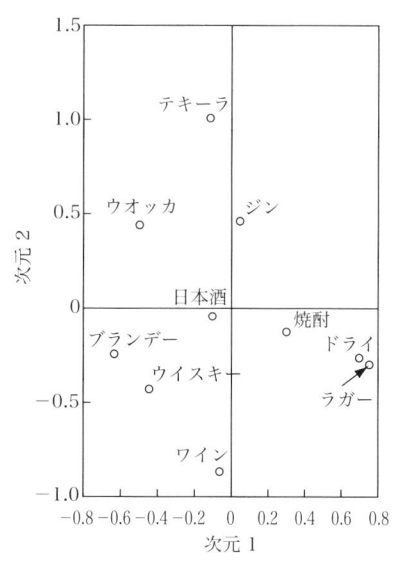

図 I-20　普通若年女性セグメント

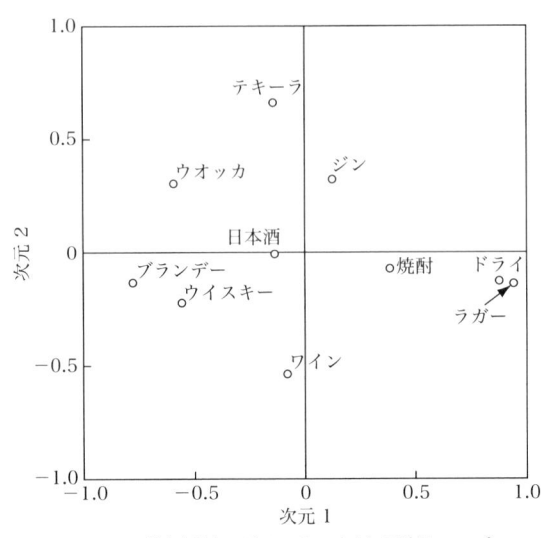

図 I-21 若年男性セグメントにおける製品マップ

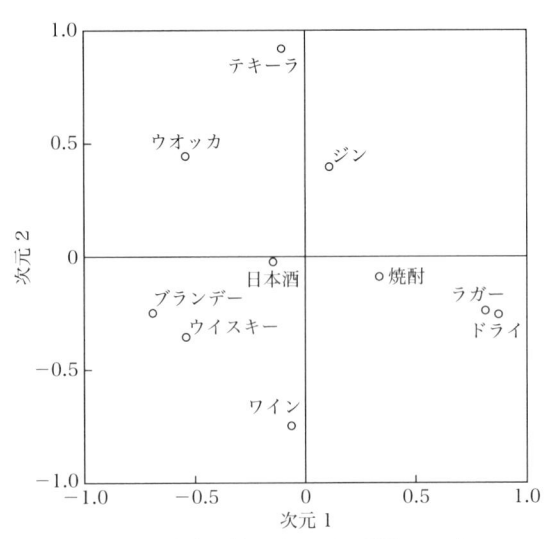

図 I-22 壮年男性セグメントの製品マップ

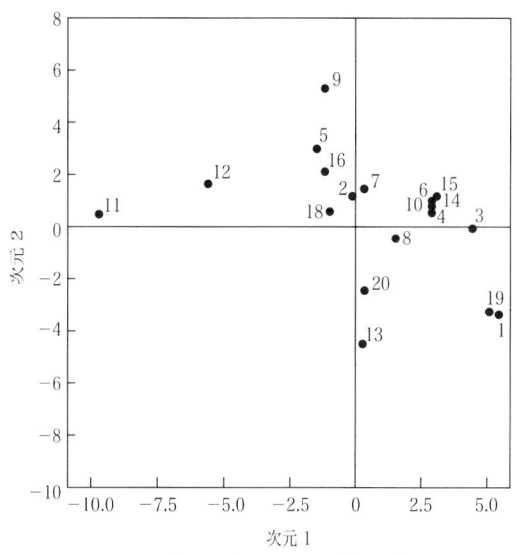

3. 重み付きユークリッドモデル（個人差多次元尺度法）　　29

(a) 非計量的MDSによる被験者布置

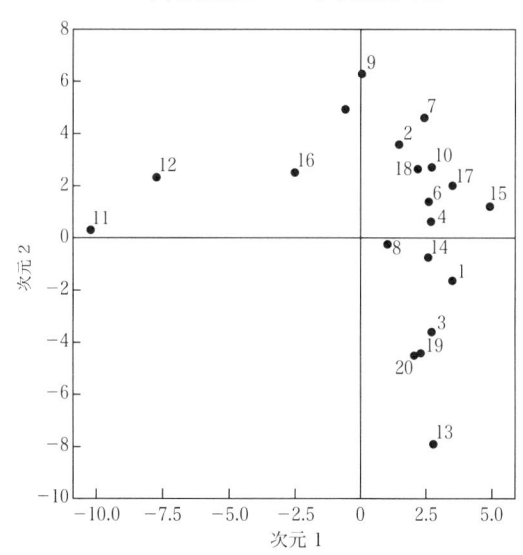

(b) 計量的MDSによる被験者布置

図 I-23　非計量的 MDS による被験者布置 (a) と計量的 MDS による被験者布置 (b)

30   I   心理的イメージを可視化する多次元尺度法

(a) 非計量的MDSダイアグラム

(b) 計量的MDSダイアグラム

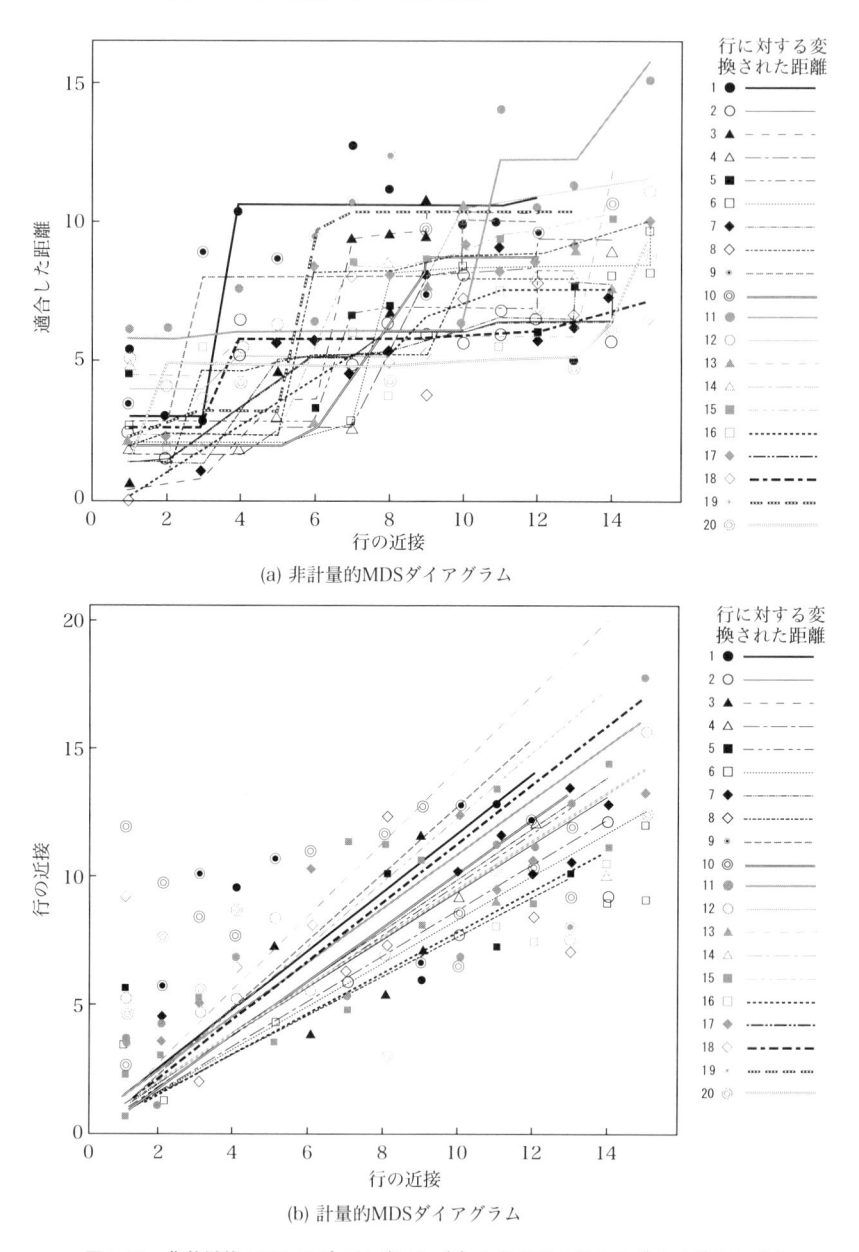

図 I-24　非計量的 MDS のダイアグラム（a）と計量的 MDS のダイアグラム（b）

4. 理想点モデル（PREFSCAL）

選好順位データを分析するMDSモデルに理想点モデル（展開モデル）がある．すなわち，展開モデルは，2-mode 2-wayデータを分析できるモデルである．粗死亡率データを通常のユークリッドモデルで分析すると，主要疾患群に関する知覚マップの**疾病マップ**が得られた．しかし，このマップでは，データの行にあたる「年度」の情報は捉えられていない．列の主要疾患群と行の年度群を同時にマップ化できるモデルが，展開モデルである．これを実行するプログラムがPREFSCALで，IBM SPSSのCategoryオプションに含まれている．被験者sの対象iの嗜好データs_{is}として，対象の第t座標値をx_{it}，被験者の理想点座標値をy_{st}とすると

$$s_{is} \stackrel{m}{=} d^*_{is} \cong d_{is} = \left[\sum_{i=1}^{T}(x_{it} - y_{st})^2\right]^{1/2}$$

のように定式化できる．ここで，データs_{is}は，死亡率データの場合，数値が大きいときに疾患iと年度jが近くに布置されるべきであるので**類似性データ**（非類似性ではない！）となり，展開モデルは

$$d_{si}^2 = (\boldsymbol{x}_i - \boldsymbol{y}_s)^T(\boldsymbol{x}_i - \boldsymbol{y}_s) + \varepsilon_{is}$$

とも書ける．展開モデルにおける分析データを超行列として捉える．すなわち，死亡率データや選好データを行列D_{12}の行に，被験者あるいは年度，列に対象疾患をあてればD_{12}は選好データ行列になる．さらに，D_{11}は行，列ともに被験者が，また，D_{22}の行，列は対象があてられ，行列D_{21}はD_{12}の転置行列である．これらを超行列としてまとめれば，

$$\begin{bmatrix} D_{11} & D_{12} \\ D_{21} & D_{22} \end{bmatrix}$$

のような，正方行列の超行列になる．選好データ行列D_{12}が分析対象である展

開モデルは，超行列を非類似性データ行列として扱うことにより，通常の MDS モデルのアルゴリズムが使用可能になって，布置が推定可能になる．ここで，超行列を構成する成分の行列 D_{11}, D_{22} は**欠損データ**であるので，当該モデルは適合度が不良になりやすく，とくに，**非計量的に布置を求めると解の退化**が起きやすい．解の退化とは，布置を構成する諸対象点が少数の点になり，諸点が互いに近くに集中して，ストレス値は小さくなるけれど無意味な布置になる現象をいう．解の退化を防ぐために適合度基準のストレス式を修正した**ストレス 2 式**などが提案されている．次に，消費者群の各種朝食の選好を集計した選好データを PREFSCAL の理想点モデルで分析した場合を示す[3]．

計量的 MDS，すなわちディスパリティを δ_{ij} の線形変換によって推定して布置を求めれば，展開モデルの解の退化を改善できることが当該分析例から確認できる．計量的 MDS とは擬似距離のディスパリティ $d^*{}_{ij}$ について

$$d_{ij} = a + b\delta_{ij} + \varepsilon_{ij}$$

のように仮定して，暫定的な d_{ij} と近接データ δ_{ij} から定数 a, b の最小二乗推定を行い，すなわち

$$d^*{}_{ij} = a^* + b^*\delta_{ij}$$

のように，ディスパリティを線形式によって推定するものであった．

伝統的な朝食に関する選好データを PREFSCAL によって解析する．PREFSCAL における，非計量的 MDS による布置と計量的 MDS による布置を図 I-23 に示す．

非計量的 MDS によって得られる被験者の布置では，複数の被験者の点が重なっている場合（被験者 10，15，6）が見受けられるが，計量的 MDS で解を求めると諸被験者の点が重複せずに布置が改善されているようすがみえる．図 I-24 におのおののダイアグラムを示す．

この Diagram は横軸が非類似性（近接性），縦軸が解の距離である．

被験者 3 は cinnamonbun をもっとも好む朝食であるとアンケートには回答しているが，図 I-25 から被験者 3 の理想点の近傍に対象点 cinnamonbun があることが，理想点モデルの付置から読み取れる．

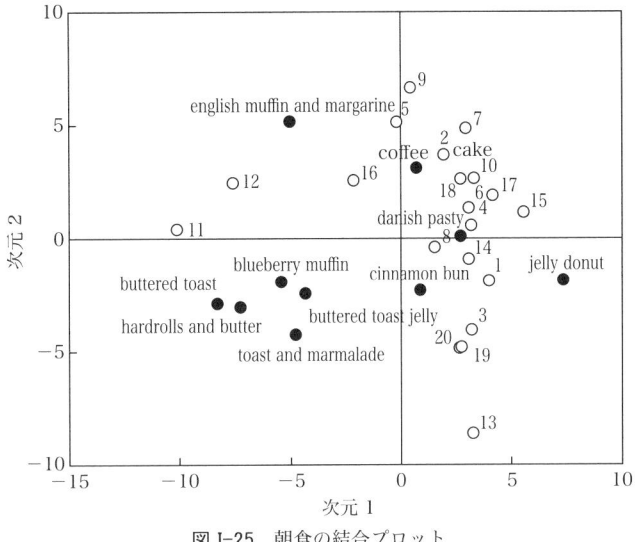

3. 重み付きユークリッドモデル（個人差多次元尺度法）　　33

図 I-25　朝食の結合プロット

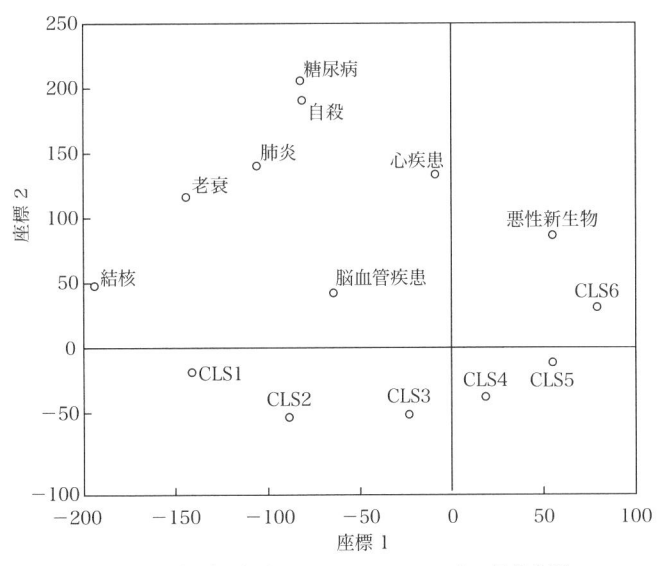

図 I-26　粗死亡率データの PRFSCAL による最終布置

次に，主要疾患粗死亡率データを展開モデルで分析した解を以下に示す．二次元布置で年度の理想点数が多くなるので，年度理想点を簡潔に表示するために，クラスター分析の最遠隣法で理想点座標群を分析して，6個の年度理想点に纏め表示を明瞭にした（図I-26）．

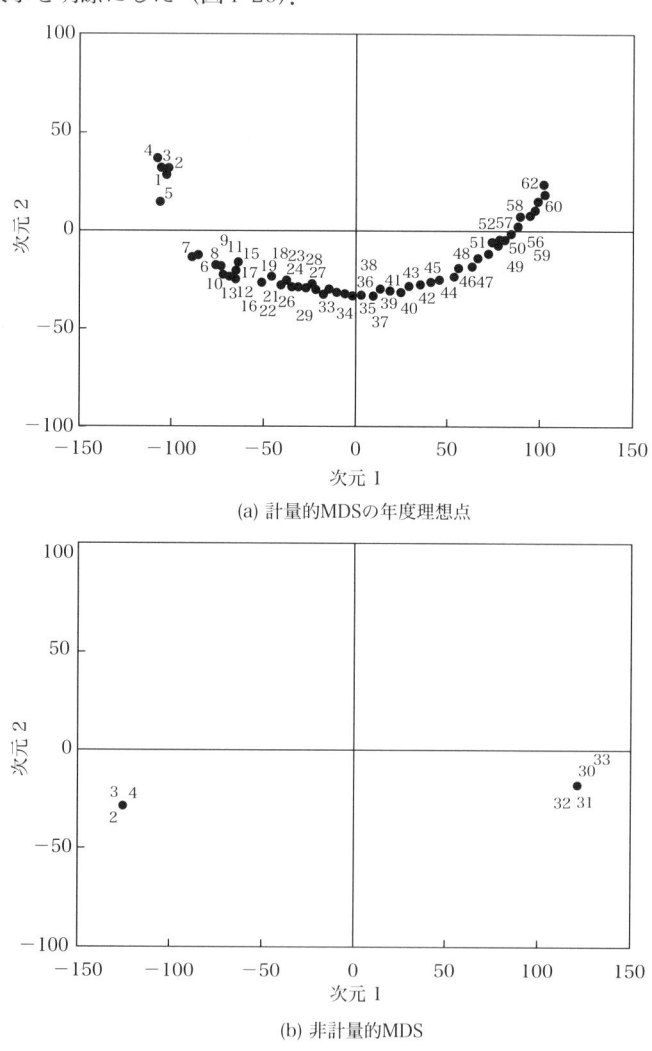

(a) 計量的MDSの年度理想点

(b) 非計量的MDS

図I-27 計量的MDS（a）と非計量的MDSにおける解の退化（b）

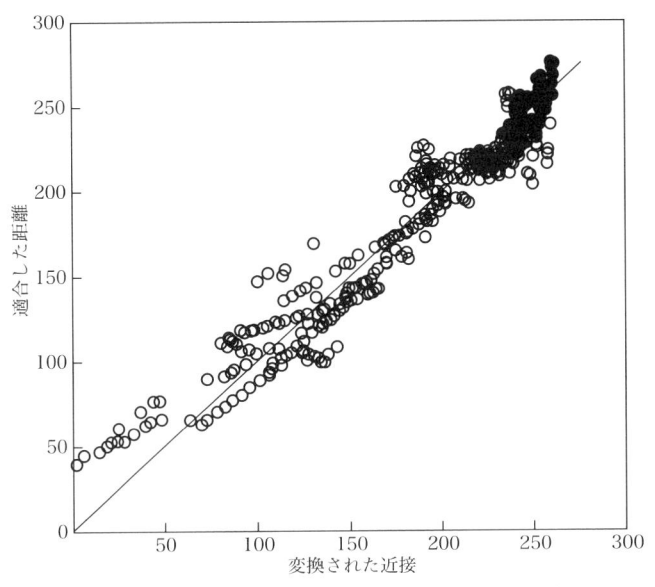

3. 重み付きユークリッドモデル（個人差多次元尺度法） 35

図 I-28 展開モデルにおける δ と d（粗死亡率データ）

年度を表す理想点群の二次元座標値をクラスター分析の**最遠隣法**を使用して6個の年度セグメントにまとめた．6個のセグメントを表す理想点を CLS1〜CLS6 と書くと，CLS1 は 1940〜1949 年度，CLS2 は 1950〜1951 年度，CLS3 は 1952〜1962 年度で，CLS4 では 1963〜1973 年度，CLS5 は 1979〜1986 年度，CLS6 は 1987〜2005 年度の平均理想点である．計量的 MDS による布置と非計量的 MDS によるそれを比べると，非計量的 MDS では年度理想点が退化しているようすがうかがえる（図 I-27）．

コレスポンデンス分析は，行要素の被験者プロフィールと列要素の対象プロフィールを同時にマッピングすることが，応用場面で見受けられるが，相（Two-mode）が異なる2相点間距離について，どのような情報を提供しているかが理論的に明確にはなっていない[16,17]．よって，実務のうえで異なる2相点間距離が意味をもつ必要がある場合には，コレスポンデンス分析ではなく，MDS の展開モデルを使用する方が現時点では安全で，それに相応な選好データを収集すべきである．コレスポンデンス分析では，異なる相の2相点間距離

が意味をもちにくいのは，入力データの情報不足に起因するともうかがえる．

5. 多次元尺度法アルゴリズムにおける PROXSCAL アルゴリズム

多次元尺度法は統計的データ解析ツールのなかで，情報工学的色彩の強いメソッドともみなせて，PC の性能がそれほど優れていない時代では最終解を得るのにかなりの時間を要した．そこで，多次元尺度法のアルゴリズム的側面について最後に説明する．

多次元尺度法のアルゴリズムには，MDSCAL の他に ALSCAL（Alternating Least squares SCALing）や PROXSCAL（PROXimity SCALing）などがあるが，基本的な枠組みは MDSCAL のところですでに書いたが，再度記すると以下のとおりで⑦，⑧が異なると捉えておけばよい．

① 非類似性データ $\{\delta_{ij}\}$ が与えられているとする．
② 布置（configuration）の次元を設定する．
③ 初期布置 X を定める．
④ 布置 X を基準化して布置 Z を得る．
⑤ 現在の布置から距離 $\{d_{ij}\}$ を計算する．
⑥ 非類似性データ δ_{ij} と単調関係にあるディスパリティ $d^*{}_{ij}$ を d_{ij} から計算する．
⑦ 適合度指標の各種ストレス値 S を d_{ij} と $d^*{}_{ij}$ とから計算する．
⑧ 適合度指標の S が大きければ，逐次近似法で S が小さくなるように，現在の布置 Z を微小変化させて，$Z' \leftarrow Z + \Delta Z$ のように布置を逐次更新して，ステップ④に戻る．
⑨ S の値が小さければ最終布置 Z_{final} を得る．

ステップ③について説明を加える．以下説明する**古典的 MDS** により得られる布置を**初期布置に採用**することで，出来るだけ最終布置 X_{Final} に近いものを利用して，局所最小問題を可能な限り防ぐようにする．

ここで，局所最小問題について説明する．いま，複数の極小点をもつ関数 H

について考えてみる．この場合，複数の極小点のうち，関数 H の最小値を与える最小点を Grobal Minima といい，そうでない極小点を Local Minima（局所最小）という．不幸にも局所最小点に関数 H が収束してしまうことを局所最小問題という．これに対する解決法は，複数の初期値群から逐次近似法をスタートさせるしか対処法はない．

さて，**古典的 MDS** のプロセスは次のとおりである．まず，非類似性データ δ に適切な定数を加算して距離 d に変換する．布置座標行列（布置行列）を求めるために対象 i と対象 j の距離 d_{ij} を，double centering method という手法によって，対象点の位置ベクトルを表す列ベクトル $\boldsymbol{i}, \boldsymbol{j}$ による**内積** b_{ij} に変換する．対象 i の次元 t の座標値を x_{it} とすれば

$$b_{ij} = (\boldsymbol{i}, \boldsymbol{j}) = \boldsymbol{i}^T \boldsymbol{j} = \sum_{t=1}^{p} x_{it} x_{jt} \tag{I-13}$$

と書けて，x_{it} を成分とする行列 $X = [x_{ij}]$ は布置行列にほかならない．実対称行列の内積行列 $B = [b_{ij}]$ は直交行列によって対角化可能，あるいは固有値分解が可能である．すなわち

$$B = TDT^T \text{（固有値分解）} \Leftrightarrow T^T B T = D \text{（対称行列の対角化）}$$

が成立する．一方，式 (I-13) は $B = XX^T$ とも書けるから

$$B = XX^T = TDT^T = TD^{1/2}D^{1/2}T$$
$$\therefore X = TD^{1/2}$$

となり，$TD^{1/2}$ が初期布置行列 X の候補となる．ここで，D は対角成分に行列 B の固有値が並ぶ対角行列，T は対応する固有ベクトルが並ぶ直交行列である．しかるに，p 次元初期布置を求める場合は，行列 X の最初の p 個の列によって形成される行列 X_p を初期布置行列に使用すればよい[1]．すなわち $X_p = [\sqrt{\lambda_1}\,t_1 \sqrt{\lambda_2}\,t_2 \cdots \sqrt{\lambda_p}\,t_p]$ となる．ここで，$t_1, t_2, \cdots t_p$ は直交行列 T を構成する，それぞれの固有値に対する固有ベクトルである．負の固有値が多い場合では，古典的 MDS は，そのデータに対しては使用すべきではなくて，避けるべきである．

次に，本稿のデータ解析で利用した PROXSCAL について説明する[5,11]．このプログラムは IBM SPSS の Category オプションに搭載されている．PROXSCAL では，上記のステップ⑦でストレス 1 式の代わりに，raw ストレス，すなわち，

$$\sigma_r(X) = \sum_{i<j} w_{ij}[\delta_{ij} - d_{ij}(X)]^2$$

を使用する．かつ，ステップ⑧で MDSCAL では最急降下法を利用するが，PROXSCAL では Majorization Algorithm (MA) を採用した反復式

$$X_{k+1} = V^+ B(X_k) X_k$$

を使用する．

PROXSCAL は良好な布置を求めるために，最適化手法に MA を利用しており，局所最適解への収束が保証されている[10,12]．MA を利用するので，最急降下法を利用するプログラムよりも数値計算の観点からは局所最終解への収束が良好となるともいわれている[14]．

具体的には，PROXSCAL は raw ストレス，$\sigma_r(X)$ を最小にするように最終解を求める[8]．X を布置行列とすると $\sigma_r(X)$ は以下のように定義されて

$$\begin{aligned}\sigma_r(X) &= \sum_{i<j} w_{ij}[\delta_{ij} - d_{ij}(X)]^2 \\ &= \eta_\delta^2 + \mathrm{tr} X^T V X - 2\mathrm{tr} X^T B(X) X \\ &\leq \eta_\delta^2 + \mathrm{tr} X^T V X - 2\mathrm{tr} X^T B(Z) Z \equiv \tau(X, Z)\end{aligned}$$

となる[5]．$\eta_\delta{}^2$ は定数項である．また，$\sigma_r(X)$ を最小にする代わりに $\tau(X, Z)$ を最小にするという Majorization Algorithm が PROXSCAL では採用されている．ここで，行列 $B(Z)$ は

$$B = \frac{-w_{ij}\delta_{ij}}{d_{ij}} \quad \text{あるいは} \quad \frac{-w_{ij}d^*{}_{ij}}{d_{ij}} \qquad (i \neq j \text{ のとき})$$

$$B = -\sum_{j \neq i} b_{ij} \qquad\qquad\qquad\qquad\qquad (i = j \text{ のとき})$$

という対称行列で，V は重み行列である．

$\tau(X, Z)$ を行列 X で微分すると

5. 多次元尺度法アルゴリズムにおける PROXSCAL アルゴリズム

$$\nabla_\tau(X,Z) = \nabla(\mathrm{tr}X^T V X) - \nabla(2\mathrm{tr}X^T B(Z)Z)$$
$$= 2VX - 2B(Z)Z$$

となる．ここで，$\nabla_\tau(X,Z) = 0$ とおくと

$$VX = B(Z)Z$$

となる．行列 V は一般にランク落ちをするので，行列 V には通常の逆行列は存在しない．そこで，V のムーアペンロース一般逆行列[注5]を V^+ とすると V^+ は一意に定まって，上式を行列 X について形式的に解くと

$$\hat{X} = V^+ B(Z)Z \tag{I-14}$$

のように布置 X の推定行列 $\hat{X}$ は得られる．ここで，ムーアペンロース一般逆行列 V^+ は具体的には

$$V^+ = (V^+ \mathbf{1}\mathbf{1}^T)^{-1} + N^{-2}\mathbf{1}\mathbf{1}^T$$

という形式になる[11]．よって，反復式は (I-14) 式より

$$X_{k+1} = V^+ B(X_k) X_k \qquad (k = 1, 2, 3, \cdots) \tag{I-15}$$

となって，この反復式を利用して布置 X を更新する．

次に，INDSCAL を分析モデルとして使用した場合を例にして，同一データに対して PROXSCAL による解と ALSCAL の解とのモデル適合度の相違状況をストレス 1 式で評価して比較検討する[13]．

[注5] ムーアペンロース一般逆行列

線形回帰方程式 $\boldsymbol{y} = A\boldsymbol{x} + \boldsymbol{\varepsilon}$，あるいは，必ずしも解を持たない方程式 $\boldsymbol{y} = A\boldsymbol{x}$ において，$\boldsymbol{x}$ の最小二乗解を求める場合を考える．このとき，さらにノルム $|\boldsymbol{x}|$ が最小の最小二乗解を与える A の逆演算子 A^+ をムーアペンロース一般逆行列という[15]．形式的には $\boldsymbol{x} = A^+ \boldsymbol{y}$ とも書けるが，解 $\boldsymbol{x}$ はノルム最小の最小二乗解であるから，通常は $\hat{\boldsymbol{x}} = A^+ \boldsymbol{y}$ と記す方が正確で，一意に A^+ は求まる．

たとえば，通常の線形回帰モデルにおける最小二乗解はムーアペンロース一般逆行列 G を使用して，$\hat{\boldsymbol{x}} = G\boldsymbol{y} = (A^T A)^T A^T \boldsymbol{y}$ のように得られている．ムーアペンロース一般逆行列 A^+ は，「ノルム最小の最小二乗解を与える一般逆行列」ともよばれて，通常の一般逆行列とは区別する．

粗死亡率データと 12 年間プロ野球成績データについて一様乱数を発生させて $24 \times 3 + 50 = 122$ 個のサブデータを作成した．それぞれのサブデータセットに対して INDSCASL を分析モデルとしたデータ解析を ALSCAL および PROXSCAL によって実行した．PROXSCAL 解のストレス 1 式値と ALSCAL 解の当該のストレス値を記録した．対の 2 列のデータ群を PROXSCAL 解のストレス値を基軸にして昇順に並べ替えて作成される 122×2 型のストレス 1 式値データ行列 Z_S を折れ線グラフで図解したものが図 I-29 である．

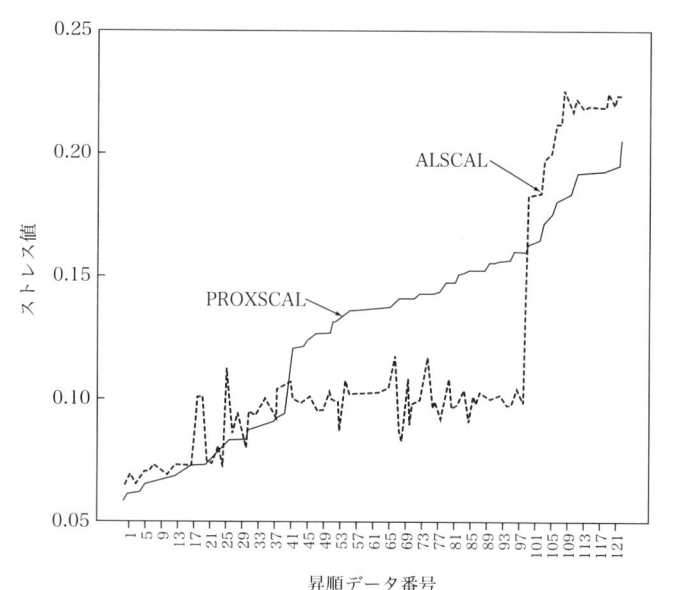

図 I-29　ALSCAL 解と PROXSCAL 解の適合度比較

図 I-29 から読み取れるように，PROXSCAL は当該ストレス 1 式の値が 0.16 以上のケースの，モデルに対して適合度が不良なサブデータに対しては ALSCAL よりも適合度の良い解を与えるようである．かつ，PROXSCAL のストレス値が 0.1 未満の適合度良好なデータの場合でも ALSCAL よりも，やや適合度が良い最終解を与える「データ依存性」の特性が，PROXSCAL では見受けられた[13]．一方，ALSCAL は中程度の適合度データに対して，良好な布置を与えることが認められたが，ストレス値が 0.15 以上の適合度不良データ

に対しては良い布置を与えることができない．

　このように使用するアルゴリズムの相違によって，同一データに対して，かなり適合度が異なる布置（最終解）がもたらされるという事実は，MDS が情報工学的色彩の強いメソッドであることを示す良い証でもあるが，同時に大きな研究課題を与えている．

II

線形代数からみた因子分析

1. 因子分析のイメージ

　因子分析とは，多数の変数間の背後に存在する潜在的な共通因子と次元を探し出す方法である．記述統計学の立場から，本書では IBM SPSS base で実行可能な標準的な因子分析のモデル，いわゆる**探索的因子分析**について説明を行う．[注1]因子分析は多数の変数がもつ分散情報を縮約する方法であり，具体例で説明すると大学入学試験データから，数学，物理，化学の学力を支配する一つの潜在的な才能「理系的才能」の存在が想定できるが，因子分析では，この「理系的才能」を**共通因子**とみなす．

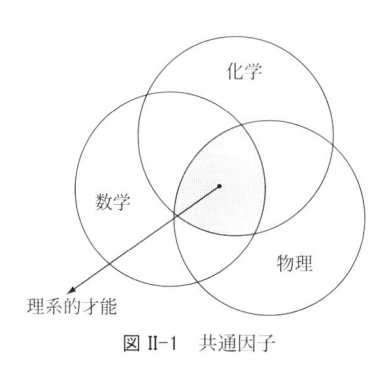

図 II-1　共通因子

[注 1]　因子分析は**探索的因子分析**と**確認的因子分析**とに分けられる．探索的因子分析は共通因子に関して明確な仮説がなく共通因子を探りたい場合に使用されて，一般的には確認的因子分析に先立って利用することが多い．

直感的理解を助ける図解をすると図 II-1 のようになる．因子分析モデルでは，変数がもつ分散を共通因子と独自因子とに分ける．つまり，理系的才能という**共通因子**だけでは測定できない科目固有の学力・才能があって，それが**独自因子**に該当する．各科目に固有な才能は共通因子では説明できないもので，物理学における実験的才能などは，独自因子に相当するのかもしれない．

　このような特性から因子分析を利用して，予想される共通因子の確定や，作成したアンケート用紙における質問項目群の妥当性を検証するために，また，調査目的の共通因子が本当に測定されているかを確認するために，因子分析を実行することが多い．

　昨今では，共通因子の探索とともに，おのおのの被験者や対象（たとえば，製品）がどれくらい対応する共通因子をもっているかを示す**因子得点**が活用されている．たとえば，消費者の内的世界に自社の製品やブランドがマーケティング戦略的に的確に位置づけられているかを確認する**ポジショニング分析**を，因子得点による**製品マップ**を作成して行うことが経営統計学の重要な話題である．このように，因子分析は消費者のライフスタイルやブランド・イメージ分析，あるいは，意識分析において現在は利用されている．

2. 因子分析のモデル

　N 人の被験者について観測すべき変数が p 個であるとして，$N \times p$ 型の標準化データ行列 $Z = [z_{ij}]$ が与えられているとする．背後に存在する**共通因子数は m** と仮定すると因子分析の統計モデルの説明は，次の式 (II-1) から始まる．標準化データ z_{ij} は被験者 i の変数 j に関する**標準化データ**とする．すなわち，変数ごとに平均が 0，分散が 1 となるようにデータは標準化されている．

$$\frac{1}{N}\sum_{i=1}^{N} z_{ij} = \overline{z_j} = 0, \qquad \frac{1}{N}\sum_{i=1}^{N} z_{ij}^2 = 1 \qquad (j = 1, 2, \cdots, p)$$

また，標準化した各変数の分散は

標準化した変数の分散 ＝1＝ 共通因子による分散（共通性）
　　　　　　　　　　　＋独自因子による分散

であると仮定する．このとき，被験者 i の変数 j に関するデータ z_{ij} は共通因子数が m である場合は

$$z_{ij} = a_{j1}f_{i1} + a_{j2}f_{i2} + \cdots + a_{jm}f_{im} + d_j u_{ij}$$
$$(i = 1, 2 \cdots, N;\ j = 1, 2, \cdots, p) \tag{II-1}$$

と書ける．第 k 因子の因子得点を表す列ベクトルを $\boldsymbol{f}_k = [f_{1k}\ f_{2k} \cdots f_{ik} \cdots f_{Nk}]^T (k = 1, 2, \cdots m)$ とすると，式 (II-1) は変数 j のデータベクトルを $\boldsymbol{Z}_j = [z_{1j} z_{2j} \cdots z_{Nj}]^T$ とすると

$$\boldsymbol{Z}_j = a_{j1}\boldsymbol{f}_1 + a_{j2}\boldsymbol{f}_2 + \cdots + a_{jm}\boldsymbol{f}_m + d_j \boldsymbol{u}_j \tag{II-2}$$
$$(j = 1, 2, \cdots, p)$$

と書ける．データ行列を $(N \times p)$ 型の $Z = [\boldsymbol{Z}_1 \boldsymbol{Z}_2 \cdots \boldsymbol{Z}_p] = [z_{ij}]$ として，因子得点行列 F は $(N \times m)$ 型の行列で，$F = [\boldsymbol{f}_1 \boldsymbol{f}_2 \cdots \boldsymbol{f}_m]$ となる．ここで，$\boldsymbol{f}_k$ は**第 k 共通因子ベクトル**，あるいは**因子得点ベクトル**という．なお，**因子得点** f_{ik} は，共通因子 $\boldsymbol{f}_k$ について被験者 i が保持する値を意味する．

因子負荷行列は $(p \times m)$ 型の行列 $A = [a_{jk}]$ で，a_{jk} は**因子負荷量**といって変数 j と第 k 共通因子との相関関係を表す定数であり，変数 j では共通因子 k をどれほど反映しているかを示す値である．さらに，**独自因子得点行列**は $(N \times p)$ 型で $U = [u_{ij}]$ とする．そして，**独自行列**は $(p \times p)$ 型の対角行列で $D = [d_j]$ とおくと，式 (II-1) は

$$Z = FA^T + UD \tag{II-3}$$

と行列表示できる．さらに，通常の因子分析モデルは次の仮定 I, II をおく．

［仮定 I］　因子得点については各因子の平均は 0, 各因子間は無相関であるとする．すなわち

$$\frac{1}{N} F^T F = I_m \tag{II-4}$$

この仮定は $F = [\boldsymbol{f}_1 \boldsymbol{f}_2 \cdots \boldsymbol{f}_m]$ とおくと，共通因子ベクトル $\boldsymbol{f}_1, \boldsymbol{f}_2, \cdots, \boldsymbol{f}_m$ は $i \neq j$ のとき $\boldsymbol{f}_i{}^T \boldsymbol{f}_j = (\boldsymbol{f}_i, \boldsymbol{f}_j) = 0$ であることを意味するので，**相異なる共通因子ベクトルは互いに直交する**ことを仮定する．ゆえに，そのような因子分析

の解を**直交解**という．また，ベクトル f_j については正規化条件より共通因子は $\frac{1}{N}(f_j, f_j) = \frac{1}{N}\sum_{i=1}^{N} f_{ij}^2 = 1$ とする．もちろん，**共通因子ベクトルは互いに一次独立である**．

[仮定 II]　独自因子は共通因子とは直交する．また，独自因子間も直交すると仮定する．すなわち

$$F^T U = \mathbf{0}, \qquad \frac{1}{N} U^T U = I_p$$

このとき，p 個の変数間相関行列を R とすると

$$\begin{aligned} R &= \frac{1}{N} Z^T Z = \frac{1}{N}(FA^T + UD)^T(FA^T + UD) \\ &= \frac{1}{N} AF^T FA^T + \frac{1}{N} D^T U^T U D = AA^T + D^2 \end{aligned} \tag{II-5}$$

となる．さらに，$R^* = R - D^2$ とおくと因子分析の**基本プロセス**は以下のようにまとめられる．

(1) データ行列 Z から相関行列 R を計算する．
(2) 行列 R^* は実対称行列であるので直交行列 T によって対角化可能で固有値分解する．

$$\begin{aligned} R^* &= TDT^T = TD^{1/2}D^{1/2}T^T \\ &= (TD^{1/2})(TD^{1/2})^T \approx AA^T \end{aligned}$$

ここで $A \approx TD^{1/2}$ とおいて，この行列 A を初期**因子負荷行列**という．
(3) 初期因子負荷行列 A を共通因子が解釈しやすいように直交回転 Y をする．つまり，$B = AY$ のように初期因子負荷行列 A を回転行列 Y により回転して解釈しやすい**因子負荷行列** B にする．
(4) 因子得点行列を求める．

ところで，式 (II-5) において**共通因子を表現する因子負荷行列** A と**独自因子**に関連する対角行列 D を分けるので，分析モデルは相関行列を R として式 (II-5) は

$$R^* = R - D^2 \tag{II-6}$$

となるので，式 (II-5) は

$$R^* = AA^T \tag{II-7}$$

と表記できる．式 (II-7) が**因子分析の基本モデル**である．行列 R^* の対角要素 $1 - d_j{}^2$ は変数 j の**共通性**という．R^* は対称行列であるので対角化行列として適当な直交行列が存在して対角化可能であり，因子負荷行列 A が求められる．

3. 因子分析を理解するために必要な線形代数の知識を復習する

因子分析を理解するために必要最小限の線形代数の知識は次のようである．すなわち，ベクトルの**一次独立**，ベクトル空間の**基底**と**次元**，行列の**階級**と**固有値**，内積空間におけるベクトルの**直交**，対称行列の直交行列による**対角化**である．

さて，n 次元列ベクトル空間 V を想定する（次元の厳密な定義は後述する）．R を実数全体の集合とすると，$a_1, a_2 \in V, c \in R$ であるならば $ca_1 \in V$ かつ $a_1 + a_2 \in V$ が成立して，V は **R 上のベクトル空間**（線形空間）である．ベクトル空間のなかで，最も基本的なものは R^n であり，R^n とは n 個の実数に順序をつけて並べた $(a_1 a_2 \cdots a_n)^T$ の集合に，加法と実数 α, β をかける演算を

$$\alpha(a_1 \cdots a_n)^T + \beta(b_1 \cdots b_n)^T = (\alpha a_1 + \beta b_1 \cdots \alpha a_n + \beta b_n)^T$$

のように定義したベクトル空間である．つまり，R^n は，n 個の実数の組 $(a_1 \cdots a_n)$ がつくるベクトル空間である．しかるに，n 次元列ベクトル空間 V は，$V = R^n$ となるので

$$V = \{[x_1 \cdots x_n]^T \mid x_1 \in R, \cdots, x_n \in R\}$$

と書ける．

 (1) ベクトル $a_1, a_2, \cdots, a_m \in V$ と実数 $c_1, c_2, \cdots, c_m \in R$ に対して

$$c_1 a_1 + c_2 a_2 + \cdots + c_m a_m$$

をベクトル $a_1, a_2, \cdots, a_m$ の**一次結合**という．そして

$$c_1\boldsymbol{a}_1 + c_2\boldsymbol{a}_2 + \cdots + c_m\boldsymbol{a}_m = \boldsymbol{0} \tag{II-8}$$

が成立するのは「$c_1 = c_2 = \cdots = c_m = 0$ の場合に限る」とき，ベクトル $\boldsymbol{a}_1, \boldsymbol{a}_2, \cdots, \boldsymbol{a}_m$ は**一次独立**であるという．すなわち，式 (II-8) から $c_1 = c_2 = \cdots = c_m = 0$ がいえれば一次独立である．それに対して，すべては 0 ではない，あるスカラー $c_1, c_2, \cdots, c_m$ の組により

$$c_1\boldsymbol{a}_1 + c_2\boldsymbol{a}_2 + \cdots + c_m\boldsymbol{a}_m = \boldsymbol{0}$$

が成立する場合には $\boldsymbol{a}_1, \boldsymbol{a}_2, \cdots, \boldsymbol{a}_m$ は**一次従属**であるという．たとえば，0 でないスカラーが c_i であると仮定すると

$$-c_i\boldsymbol{a}_i = c_1\boldsymbol{a}_1 + c_2\boldsymbol{a}_2 + \cdots \overset{i}{\vee} \cdots + c_m\boldsymbol{a}_m$$

として $c_i \neq 0$ であるから

$$\boldsymbol{a}_i = -\frac{1}{c_i}(c_1\boldsymbol{a}_1 + c_2\boldsymbol{a}_2 + \cdots \overset{i}{\vee} \cdots + c_m\boldsymbol{a}_m)$$

となるので，ベクトル $\boldsymbol{a}_1, \boldsymbol{a}_2, \cdots, \boldsymbol{a}_m$ が一次従属であるとは，その中のどれか一つのベクトルが，他のベクトルの一次結合で表されることを意味する．

V の部分集合である**部分空間** W が一次独立なベクトル $\boldsymbol{a}_1, \boldsymbol{a}_2, \cdots, \boldsymbol{a}_m$ により生成されているとき，$\boldsymbol{a}_1, \boldsymbol{a}_2, \cdots, \boldsymbol{a}_m$ は部分空間 W の**基底**であるという．つまり，部分空間 W が $\boldsymbol{a}_1, \boldsymbol{a}_2, \cdots, \boldsymbol{a}_m$ により生成され，かつ，$\boldsymbol{a}_1, \boldsymbol{a}_2, \cdots, \boldsymbol{a}_m$ が一次独立であるならば，$\{\boldsymbol{a}_1, \boldsymbol{a}_2, \cdots, \boldsymbol{a}_m\}$ を部分空間 W の基底という．とくに $\boldsymbol{e}_1 = [1\,0\,0\,\cdots\,0]^T$, $\boldsymbol{e}_2 = [0\,1\,0\,\cdots\,0]^T$, $\cdots$, $\boldsymbol{e}_m = [0\,0\,0\,\cdots\,0\,1]^T$ を部分空間 W の**標準基底**という．また，部分空間 W の（有限）**次元** $\dim W$ は

$\dim W = (W$ における基底の元の個数$) = (W$ を生成するベクトルの最小個数$)$

のように，線形代数では次元の概念を定義する．

さらに，$\{\boldsymbol{a}_1, \boldsymbol{a}_2, \cdots, \boldsymbol{a}_m\}$ が部分空間 W の基底であることは，「$\forall \boldsymbol{x} \in W$ に対して $\boldsymbol{x} = \sum_{i=1}^{m} b_i \boldsymbol{a}_i, b_i \in R$. のように一意に表される」ことと同値である．また，$(b_1 b_2 \cdots b_m)$ を基底 $\{\boldsymbol{a}_1, \boldsymbol{a}_2, \cdots, \boldsymbol{a}_m\}$ に関するベクトル $\boldsymbol{x}$ の**座標**という．

まとめると，**一次独立**なベクトル $\boldsymbol{a}_1, \boldsymbol{a}_2, \cdots, \boldsymbol{a}_m$ によって **m 次元ベクトル**

空間 W が生成され，$\boldsymbol{a}_1, \boldsymbol{a}_2, \cdots, \boldsymbol{a}_m$ は部分ベクトル空間 W の**基底**と言って，その係数の組 $(b_1 b_2 \cdots b_m)$ がベクトル $\boldsymbol{x}$ の空間表象を示す**座標**である．

ところで，因子分析での m 個の**共通因子ベクトル** $\boldsymbol{f}_1, \boldsymbol{f}_2, \cdots, \boldsymbol{f}_m$ は m 次元ベクトル空間の基底となっていて m 次元共通因子空間を生成する．

(2) 行列 A を $A = [\boldsymbol{a}_1 \, \boldsymbol{a}_2 \cdots \boldsymbol{a}_p]$ のように表す．このとき，行列 A の階数とは，行列 A の列ベクトル $\boldsymbol{a}_1, \boldsymbol{a}_2, \cdots, \boldsymbol{a}_p$ の中から選べる**一次独立なベクトルの最大個数**のことであり，rank(A) で表す．あるいは，行列 A の階数とは行列 A の列ベクトル $\boldsymbol{a}_1, \boldsymbol{a}_2, \cdots, \boldsymbol{a}_p$ が張るベクトル空間

$$\{c_1 \boldsymbol{a}_1 + c_2 \boldsymbol{a}_2 \cdots + c_p \boldsymbol{a}_p | c_1, c_2, \cdots, c_p \in R\}$$

の次元に等しいともいえる．ところで，因子分析における**因子数**は，数学的には相関行列 R の階数に等しい．

一般に，階数 r の $(m \times n)$ 型行列 X は，$(m \times r)$ 型の行列 Y と $(r \times n)$ 型の行列 Z に分解できる．すなわち

$$X = YZ$$

とできる．これを行列 X の**階数分解**という．

たとえば，**相関行列** R は rank$(R) = r$ とすれば，階数 r の行列 Y と行列 Z に分解できる．すなわち，$R = YZ$ のように分解できる．一方，(4) より，相関行列 R は対称行列であるので固有値分解が可能で，$R = TDT^T = TD^{1/2}D^{1/2}T^T = TD^{1/2}(TD^{1/2})^T$ という変形ができる．よって，**因子分析は $R = YY^T$** という形の階数分解が可能で，**行列 $Y = TD^{1/2}$** は初期因子負荷行列の候補になり得る．

さらに，標準化データ行列 Z は独自因子部分を省略すると，rank$(Z) = r$ のとき，$(N \times r)$ 型の因子得点行列 F と $(p \times r)$ 型の因子負荷行列 A により

$$Z \approx FA^T$$

と分解できる．ゆえに，因子得点行列 F によって r 次元共通因子空間と因子軸を形成し，**因子負荷行列 A** により，p 個の変数ベクトルの終点座標を与えるモデルであるとも因子分析は解釈できる．

さらに，次の定理が成り立つ．行列 A を $(m \times n)$ 型行列，P を m 次の正則行列（正則とは逆行列をもつこと），Q を n 次の正則行列とすると

$$\mathrm{rank}(A) = \mathrm{rank}(PA) = \mathrm{rank}(AQ)$$

が成立する．

(3) 内積を導入することで，まったく代数的なベクトル空間に，空間的な**長さと角度**の概念を導入できる．内積の定義されているベクトル空間を**計量ベクトル空間**ともいう．ベクトル空間 R^n における内積は，$\boldsymbol{x} = [x_i], \boldsymbol{y} = [y_i] \in R^n$ において

$$(\boldsymbol{x}, \boldsymbol{y}) = \sum_{i=1}^{n} x_i y_i$$

のように定義する．また，ベクトルの**ノルム（長さ）**は $|\boldsymbol{x}| = \sqrt{(\boldsymbol{x}, \boldsymbol{x})} \geqq 0$ として定義する．さらに，$|(\boldsymbol{x}, \boldsymbol{y})| \leqq |\boldsymbol{x}||\boldsymbol{y}|$ が成立するので，二つのベクトル $\boldsymbol{x}, \boldsymbol{y}$ のなす角 θ を $(\boldsymbol{x}, \boldsymbol{y})/\{|\boldsymbol{x}||\boldsymbol{y}|\} = \cos\theta (0 \leqq \theta \leqq \pi)$ のように定義し，θ は一意に定まる．特に，$(\boldsymbol{x}, \boldsymbol{y}) = 0$ が成立するとき，ベクトル $\boldsymbol{x}$ と $\boldsymbol{y}$ は**直交する**という．n 次元ベクトル空間の基底 $\{\boldsymbol{e}_1, \boldsymbol{e}_2, \cdots, \boldsymbol{e}_n\}$ が $(\boldsymbol{e}_i, \boldsymbol{e}_j) = \delta_{ij} (1 \leqq i, j \leqq n)$ をみたすとき，この基底を**正規直交系**であるという．n 次元ベクトル空間 V の元 $\boldsymbol{x}$ について，$V = \{\boldsymbol{x} = a_1\boldsymbol{e}_1 + \cdots + a_n\boldsymbol{e}_n | (\boldsymbol{e}_i, \boldsymbol{e}_j) = \delta_{ij} (1 \leqq i, j \leqq n)\}$ が成立するので $(a_1 \cdots a_n)^T$ はベクトル $\boldsymbol{x}$ の**正規直交座標**である．

(4) n 次正方行列 A について，$A\boldsymbol{x} = \lambda\boldsymbol{x}$ (ただし，$\boldsymbol{x} \neq \boldsymbol{0}$) をみたすベクトル $\boldsymbol{x}$ を行列 A の**固有ベクトル**，λ を $\boldsymbol{x}$ に対応する行列 A の**固有値**という．方程式 $(A - \lambda I)\boldsymbol{x} = \boldsymbol{0}$ の解空間 $\{\boldsymbol{x} | A\boldsymbol{x} = \lambda\boldsymbol{x}\}$ を固有値 λ に対する**固有空間**という．固有空間は，係数行列を転置した行列 $(A - \lambda I)^T$ の列ベクトルが生成する部分空間 W の**直交補空間**に一致する．よって，固有値 λ_0 に対する固有空間 W^0 の次元を $\dim(W^0)$ とすると，$\dim(W^0) = \dim(W^\perp) = n - \dim W = n - \mathrm{rank}(A - \lambda_0 I)$ が成立する．なお，n 次元ベクトル空間 V の部分空間 W に対して

$$W^\perp = \{\boldsymbol{x} | (\boldsymbol{x}, \boldsymbol{y}) = 0 \ \text{ for } \ \forall \boldsymbol{y} \in W\}$$

で定義される部分空間を W の**直交補空間**という．

因子分析における相関行列 R の固有値を降順に並べて $\lambda_1 \geq \lambda_2 \geq \cdots$ とすると，**固有値 $\boldsymbol{\lambda}_i$ は第 i 共通因子によって説明できる分散に等しい**．

(5) 正方行列 T において $T^TT = I$ (I は単位行列) が成立するとき，行列 T は**直交行列**であるという．よって，$T^T = T^{-1}$ が成り立つ．n 次直交行列を $T = [\boldsymbol{t}_1 \boldsymbol{t}_2 \cdots \boldsymbol{t}_n]$ と表記すると，直交行列の定義から，列ベクトルの内積について $(\boldsymbol{t}_i, \boldsymbol{t}_j) = \delta_{ij}$ ($i \neq j$ のとき 0 で $i = j$ のとき 1) が成立するので，**直交行列の列ベクトルは互いに直交して，列ベクトルの長さは 1 である**．

対称行列 B は対角化可能であり，かつ，**対角化行列として適当な直交行列 $\boldsymbol{T}$ がとれる**．すなわち

$$T^{-1}BT = \Lambda \tag{II-9}$$

が成立する．ここで，Λ は対角行列で，その対角成分には行列 B の固有値が並び，

$$\Lambda = \mathrm{diag}(\lambda_1, \lambda_2, \cdots, \lambda_n)$$

である．ところで，式 (II-9) は

$$B = T\Lambda T^{-1} = T\Lambda T^T \tag{II-10}$$

とも書けて，式 (II-10) を行列 B の**固有値分解**という．

因子分析の**最小二乗基準**は

$$\mathrm{trace}\{(R^* - AA^T)(R^* - AA^T)^T\} \to \min$$

である．最小二乗解の因子負荷行列 A は相関行列 R^* の固有値分解によって得られる．

因子分析の一般的手順

因子分析の解を求める手順を以下のようにまとめられる．

(0) データ行列 Z から相関行列 R を計算する．

(1) 共通性を推定する：SMC(重相関係数の平方) を共通性の推定値に利用することが多い．

(2) 共通因子数の決定：a. **固有値 1.0 まで**．

　　　　　　　　　　　b. **固有値の値が急に小さくなる手前まで**．

c. 累積寄与率が 80% 以上になるまで．

(3) 初期因子負荷行列 A を計算する：**最小二乗法**，**主因子法**などの使用頻度が多い．

(4) 初期因子負荷行列 A を回転する：直交回転の**バリマックス回転**が標準的である．

(5) 因子得点行列 F を算出する．**Anderson-Rubin 法**の使用頻度が多い．

4. 具体的なプロ野球データによる因子分析モデルの実際

12 年間のプロ野球成績データを解析して因子分析例をみながら説明する．

(1) 共通因子の抽出

共通因子を求める方法は「**重み付けのない最小二乗法**」を通常は使用する．

相関行列 R^* の対角成分を「共通性」といい，変数 j の**共通性** h_j^2 は共通因子数を m とすると，当該変数の因子負荷量二乗和によって

$$h_j^2 = a_{j1}^2 + a_{j2}^2 + \cdots + a_{jm}^2$$

として定義される．つまり，標準化された変数 j が保持する分散 1 の中で，共通因子によって説明できる分散の比率を**共通性** h_j^2 という．

共通性の値は事前には**不明**であるから，**主因子法**という初期解を求める方法は，共通性の初期値には SMC (Squared Multiple Correlation) という**重相関係数の平方**を使用する．SMC は共通性真値の下限になることが証明されている．ここでは，変数「勝率」の初期共通性の値に 0.817 が採用されている．この「**重相関係数の平方**」とは，「勝率」を目的変数 y，その他の変数群を説明変数行列 X とした場合の線形回帰分析 $y = X\beta + \varepsilon$ における重相関係数の平方，**決定係数**にほかならない．なお，計画行列 X が張る列空間 $S(X)$ とベクトル y がなす角度 θ の $\cos\theta$ が重相関係数である．

一方，**重み付けのない最小二乗法**という初期解を求める方法では相関行列

R^* の対角成分を無視して反復解法を開始する．

表 II-1　プロ野球成績データにおける変数の共通性

	初　期	因子抽出後
勝　率	0.817	0.799
打　率	0.904	0.715
安打数	0.891	0.613
本塁打数	0.599	0.442
打　点	0.994	0.969
得　点	0.994	0.969
防御率	0.971	0.935
失　点	0.970	0.999

因子抽出法：重みなし最小二乗法．
反復中に一つまたは複数の 1 よりも大きい共通性推定値がある．得られる解の解釈は慎重に行う．

表 II-2　プロ野球成績データの相関行列 R^*

勝　率	打　率	安打数	本塁打数	打　点	得　点	防御率	失　点
0.817	0.480	0.377	0.220	0.542	0.540	−0.585	−0.602
0.480	0.904	0.859	0.407	0.785	0.794	0.146	0.128
0.377	0.859	0.891	0.434	0.720	0.722	0.082	0.164
0.220	0.407	0.434	0.599	0.697	0.681	0.314	0.333
0.542	0.785	0.720	0.697	0.994	0.996	0.179	0.179
0.540	0.794	0.722	0.681	0.996	0.994	0.182	0.183
−0.585	0.146	0.082	0.314	0.179	0.182	0.971	0.966
−0.602	0.128	0.164	0.333	0.179	0.183	0.966	0.970

表 II-3　SMC と決定係数

モデル	R	R^2	調整済み R^2	推定値の標準誤差
1	0.904	0.817	0.808	0.030499

予測値（定数）：失点，打率，本塁打数，安打数，得点，防御率，打点．
従属変数：勝率．

共通性は，変数 j が保持する分散情報の中で共通因子によって説明される割合を示す指標であるので，共通性が小さい変数は，共通因子ではあまり説明できないユニークな変数であるともいえる．逆にいうと，継続的な調査研究を行う際には**共通性の小さい変数や質問項目は共通因子構造に大きな影響を与えな**

いので，そのような変数はアンケート項目から削除しても影響が小さいと考えられ，**共通性による変数や質問項目の削除が現実に行われる**．

最後に，IBM SPSS の Base で出力される **Bartlett の球面性検定**について説明する．この検定を定式化すると

$$H_0 : \Sigma = kI$$
$$H_1 : \Sigma \neq kI \text{ （母相関行列 } \Sigma \text{ は単位行列 } I \text{ の定数倍ではない）}$$

となる．H_1 が採択できれば諸変量間に相関があることになり，該当データは因子分析を行うことに値する．

表 II-4　KMO および Bartlett の球面性検定

Kaiser-Meyer-Olkin の標本妥当性の測度		0.623
Bartlett の球面性検定	近似 χ 二乗	1879.849
	自由度	28
	有意確率	0.0000

いま，P-Value $= 0.0000 < 0.05$ であるので有意水準 5% で H_1 が採択されて，このプロ野球データは因子分析を実行するに値するといえる．

(2) 共通因子数の決定

表 II-5 の左から 2 列目より「1 を超える固有値の数」は 4.229 と 2.501 の 2 個であるので共通因子数を 2 と決定する．**固有値の値が 1 であるとは，対応する共通因子が 1 変数の分散情報を保持していることを意味する**．表 II-5 の 2 行目の固有値 λ_2 の値が 2.501 であることは，約 2.5 個分の変数がもつ分散を第 2 因子が含んでいることを意味する．また，相関行列 R が保持する分散と固有値の関係は次式のようになる．

$$\text{総分散} = \Sigma r_{ii} = \text{trace}(R)$$
$$= \text{trace}(TDT^T) = \text{trace}(DTT^T) = \text{trace}(D) = \Sigma \lambda_i$$

ところで，因子分析における共通因子数は線形代数的には，相関行列 R の階数に等しいといえる．なぜならば，相関行列 R の階数 $\text{rank}(R)$ は

$$\text{rank}(R) = \text{rank}(TDT^T) = \text{rank}(D) \approx \text{rank}(TD^{*1/2}) = \text{rank}(A)$$

が成立するからである．ここで，D^* は基準値未満の固有値 λ_i を 0 とおいた対角行列とする．

4. 具体的なプロ野球データによる因子分析モデルの実際　　55

表 II-5　プロ野球成績データ相関行列の固有値と累積寄与率
（初期因子負荷行列 A，回転後の因子負荷行列 B）

因子	初期の固有値			抽出後の負荷量平方和			回転後の負荷量平方和		
	合計	分散%	累積%	合計	分散%	累積%	合計	分散%	累積%
1	4.229	52.858	52.858	4.026	50.321	50.321	4.020	50.248	50.248
2	2.501	31.257	84.114	2.419	30.236	80.557	2.425	30.309	80.557
3	0.700	8.749	92.864						
4	0.309	3.861	96.725						
5	0.143	1.785	98.510						
6	0.102	1.280	99.789						
7	0.014	0.173	99.962						
8	0.003	0.038	100.000						

因子抽出法：重みなし最小二乗法．

(3) 初期因子負荷行列の推定と回転

本書では**重み付けのない最小二乗法**を使用して初期解を求める．初期因子負荷行列 A は次のように得られる．8次対称行列の相関行列 R では重複を許して8個の固有値 $\lambda_1 \geq \lambda_2 \geq \cdots \geq \lambda_8$ が得られる．ここでは，相関行列 R の固有値の値は互いに異なると仮定して，すなわち

$$\lambda_i \neq \lambda_j \quad (i \neq j)$$

として，かつ，固有値はすべて非負とし

$$\lambda_i \geq 0$$

とする．このとき，諸固有値に関する方程式は

$$R\boldsymbol{x}_1 = \lambda_1 \boldsymbol{x}_1$$
$$R\boldsymbol{x}_2 = \lambda_2 \boldsymbol{x}_2$$
$$\vdots$$
$$R\boldsymbol{x}_8 = \lambda_8 \boldsymbol{x}_8$$

である．対称行列では異なる固有値に対応する固有ベクトルは互いに直交するので

$$(\boldsymbol{x}_i, \boldsymbol{x}_j) = 0 \quad (i \neq j) \tag{II-11}$$

である．さらに

$$|\boldsymbol{x}_i| = 1 \tag{II-12}$$

のように正規化しておく．上記の方程式を以下のような行列表示にすると

$$[R\boldsymbol{x}_1\ R\boldsymbol{x}_2\cdots R\boldsymbol{x}_8] = [\lambda_1\boldsymbol{x}_1\ \lambda_2\boldsymbol{x}_2\cdots\lambda_8\boldsymbol{x}_8]$$

となり，式 (II-13) のようになる．

$$R\,[\,\boldsymbol{x}_1\ \boldsymbol{x}_2\ \cdots\ \boldsymbol{x}_8\,] = [\,\boldsymbol{x}_1\ \boldsymbol{x}_2\ \cdots\ \boldsymbol{x}_8\,]D \tag{II-13}$$

ここで，行列 D は対角成分に固有値が並ぶ $D = \mathrm{diag}(\lambda_1\lambda_2\cdots\lambda_8)$ の対角行列である．また，

$$T = [\,\boldsymbol{x}_1\ \boldsymbol{x}_2\ \cdots\ \boldsymbol{x}_8\,]$$

とおくと，式 (II-11)，(II-12) より行列 T は**直交行列**になるので，その逆行列については

$$T^{-1} = T^T$$

が成立する．式 (II-13) は

$$RT = TD$$

と書けるので

$$T^T R T = D$$

が成立して，**対角化行列として直交行列 T が取れる**．また，上式は

$$R = TDT^T \tag{II-14}$$

となるので，式 (II-14) は相関行列 R の**固有値分解**にほかならない．したがって，式 (II-14) と因子分析の基本モデル「$R^* = AA^T$」を比較して，$TDT^T = TD^{1/2}D^{1/2}T^T = (TD^{1/2})(TD^{1/2})^T$ であるから，初期因子負荷行列の一つの候補として

$$A = TD^{1/2} = \left[\sqrt{\lambda_1}\boldsymbol{x}_1\sqrt{\lambda_2}\boldsymbol{x}_2\cdots\sqrt{\lambda_8}\boldsymbol{x}_8\right] \tag{II-15}$$

が得られる．一般に，r 個の因子をもつ因子負荷行列の最小二乗解 ($r < 8$) の最小二乗基準は

$$\mathrm{trace}\,\{(R^* - AA^T)(R^* - AA^T)^T\} \to \min \tag{II-16}$$

であるので，式 (II-16) のように「データから得られる相関行列 R^*」と「因子分析モデルから計算される相関行列 AA^T」の差が最小になるように初期解を得る解法を**重み付けのない最小二乗法**という．この場合，最小二乗解の因子数が r 個の初期因子負荷行列 A は相関行列 R^* の固有値分解により得られて $r < 8$ として

$$A = [\sqrt{\lambda_1}\boldsymbol{x}_1 \sqrt{\lambda_2}\boldsymbol{x}_2 \cdots \sqrt{\lambda_r}\boldsymbol{x}_r] \tag{II-17}$$

を得る．

ところで，**主因子法**は，相関行列 R の対角成分に共通性の推定値として SMC を代入して，この固有値分解を行う推定法であり，次の反復解法により実行される．すなわち，対角成分に初期値の共通性推定値 $r_{jj}{}^*$ を代入した相関行列 R^* の固有値分解を実行結果として得られた因子数 m の因子負荷行列 $A = [a_{jk}]$ から，新たに**修正共通性推定値** $\sum_{k=1}^{m} a_{jk}^2$ を計算し，これを初期値 $r_{jj}{}^*$ と比較する．共通性は $h_j^2 = a_{j1}^2 + a_{j2}^2 + \cdots + a_{jm}^2$ であったから，任意に正の数 ε を決めておき

$$|r_{jj}{}^* - \sum_{k=1}^{m} a_{jk}^2| < \varepsilon$$

が成立したら反復ステップが収束したとみなす．そうでない場合には $^{\mathrm{new}}r_{jj}{}^* = \sum_{k=1}^{m} a_{jk}^2$ として，相関行列の対角成分である共通性推定値 $r_{jj}{}^*$ を $^{\mathrm{new}}r_{jj}{}^*$ へ置き換えた行列 $^{\mathrm{new}}R^*$ を，改めて固有値分解し，同様なステップが収束するまで反復計算を行って初期因子負荷行列 A を求める（**主因子法の反復解法**）．また，初期因子負荷行列を求めるほかの推定法もおおよそ同様な反復解法になる．

次に初期解の回転について述べる．共通因子の解釈を容易にするために初期解である，初期因子負荷行列 A を回転するが，本書では**直交回転**を中心に説明する．**単純構造**とよばれる「一群の諸変数が高い因子負荷量をもち，ほかの変

数は 0 に近い因子負荷量である」ような因子構造にするために，初期解 A を回転する．**共通因子軸の直交性を保つ初期解回転**を**直交回転**といい，バリマックス法が代表的である．

バリマックス法 (Variance Maximum) とは第 r 共通因子について，因子負荷量の二乗 $\{b_{jr}^2\}$ についての分散 V_r は

$$V_r = \frac{1}{p}\sum_{j=1}^{p}\left(b_{jr}^2 - \frac{1}{p}\sum_{k=1}^{p}b_{kr}^2\right)^2$$

であるので，バリマックス法では因子ごとに求められた分散の和で考える．すべての因子 $(r = 1, 2, \cdots, m)$ についての，二乗因子負荷量の分散の和は

$$V = \sum_{r=1}^{m} V_r$$

となるので，二乗因子負荷量の分散和が最大にするように，$V \to \max$ であるように回転角度 θ を決めるのがバリマックス法である．実際，直交行列の**回転行列** T を用いて

$$B = AT$$

のように，共通因子の解釈が容易な新しい因子負荷行列 B を得る．ところで，

$$BB^T = AT(AT)^T = ATT^T A^T = AA^T = R^*$$

が成立するので，共通因子全体としての R^* への**寄与は不変**である．これを回転による**因子の不定性**とよんでおり，入門・初級者では特別な理由がなければ，「直交回転はバリマックス回転とする」と決めておくと楽な気分になる．また，解釈し易い因子負荷行列を求めることが最終目的であることから，因子負荷行列について斜交回転の必要性につながる．

IBM SPSS の Base では**斜交回転**も容易に実行できて，共通因子間に相関がないことを前提にする直交解は必ずしも IT 時代には実用的なものともいえない．因子軸，すなわち，「共通因子ベクトルは互いに一次独立であればよいのであって，必ずしも直交することまでは求めない」のである．初期因子負荷行列では，曖昧な因子の単純構造を明確にすることがそもそもの回転の目的であるのだから，検証したい共通因子が想定できる場合には斜交回転の実行が推奨できる．

主成分分析と因子分析の相違点の一つは回転の有無である．因子分析を多次元データ解析手法としてひとたび選択したら，その特徴である回転を活用し斜交回転の実行を躊躇する理由はない．バリマックス回転を行った後に単純構造を明瞭化する**プロマックス法**は代表的な斜交回転法であり，例題 1（p.65 参照）で説明を加える．

表 II-6　初期因子負荷行列と回転後因子負荷行列

(a) 初期因子負荷行列

	因子	
	1	2
打　点	0.984	−0.041
得　点	0.983	−0.039
打　率	0.843	−0.071
安打数	0.782	−0.046
本塁打数	0.641	0.179
失　点	0.235	0.973
防御率	0.218	0.942
勝　率	0.507	−0.736

因子抽出法：重みなし最小二乗法．
2 個の因子が抽出された．7 回の反復が必要である．

(b) 回転後因子負荷行列

	因子	
	1	2
打　点	0.984	0.018
得　点	0.984	0.020
打　率	0.846	−0.020
安打数	0.783	0.001
本塁打数	0.629	0.217
失　点	0.176	0.985
防御率	0.161	0.953
勝　率	0.550	0.704

因子抽出法：重みなし最小二乗法．
回転法：Kaiser の正規化を伴うバリマックス法．
3 回の反復で回転が収束した．

ところで，共通因子の解釈はその因子について因子負荷量の絶対値が大きな変数群から共通因子の意味を解くことになる．今回の例では，因子軸の一つの解釈として，第 1 因子は因子負荷量の大きい諸変数は「打点」「得点」「安打数」であるので**攻撃因子**と名づける．第 2 因子は因子負荷量の値が大きい変数は「失点」「防御率」であるので**防御因子**と解釈しよう．

さて，今回の因子数は 2 であるから，初期因子負荷行列は $A = [a_1\ a_2]$ と書ける．式 (II-17) より因子負荷行列 A を $A = [\sqrt{\lambda_1}x_1\ \sqrt{\lambda_2}x_2\ \cdots\ \sqrt{\lambda_r}x_r] = [a_1 a_2 \cdots a_r]$ とおく．ここで相関行列 R の固有ベクトルがベクトル $x_1, x_2, \ldots, x_r$ であって，$(x_i, x_j) = \delta_{ij}$ が成立し，さらに $|x_i| = 1$ であるので，第 i 因子の因子負荷量の平方和は

$$|a_i|^2 = (\sqrt{\lambda_i}x_i, \sqrt{\lambda_i}x_i) = \lambda_i |x_i|^2 = \lambda_i \tag{II-18}$$

となる．実際に，初期因子負荷行列における第 1 因子負荷量の二乗和を計算すると

$$|\boldsymbol{a}_1|^2 = (\boldsymbol{a}_1,\ \boldsymbol{a}_1) = 0.984^2 + 0.983^2 + \cdots + 0.507^2$$
$$= 4.026 = \lambda_1$$

であり，第 1 因子の因子負荷量 $\boldsymbol{a}_1$ の大きさの平方（これを**因子寄与**という）が固有値 λ_1 に等しくなって，λ_1 は因子 1 によって説明される分散に等しくなっている．

一方，標準化データ行列 Z から**主成分分析**を行うと，諸変数を $\boldsymbol{Z} = [z_1\ z_2 \cdots z_p]^T$ として第 i 主成分 f_i の分散は

$$\mathrm{var}(\boldsymbol{f_i}) = \mathrm{var}(\boldsymbol{t}_i^T \boldsymbol{Z}) = \boldsymbol{t}_i^T \mathrm{var}(\boldsymbol{Z})\boldsymbol{t}_i = \boldsymbol{t}_i^T R\, \boldsymbol{t}_i = \lambda_i \qquad \text{(II-19)}$$

となる．式 (II-19) は相関行列 R の固有値，固有ベクトルを λ_i, $\boldsymbol{t}_i$ とすると，$R\boldsymbol{t}_i = \lambda_i \boldsymbol{t}_i$ が成立するので

$$\boldsymbol{t}_i^T R\, \boldsymbol{t}_i = \boldsymbol{t}_i^T \lambda_i \boldsymbol{t}_i = \lambda_i$$

となることから得られる．すなわち，第 i 主成分についての合成変数 $\boldsymbol{t}_i^T \boldsymbol{z}$ の分散は λ_i であり，**固有値 λ_i と主成分の分散との関係は主成分分析では明瞭である**．式 (II-18)，(II-19) から，固有値 λ_i と分散，因子負荷量の大きさの関係は

$$\mathrm{var}(\boldsymbol{f_i}) = \mathrm{var}(\boldsymbol{t}_i^T \boldsymbol{Z}) = \boldsymbol{t}_i^T R\, \boldsymbol{t}_i = \boldsymbol{a}_i^T \boldsymbol{a}_i = \lambda_i$$

のように総括できる．

ところで，第 k 因子の**寄与率**は

$$\text{第 } k \text{ 因子の寄与率} = \frac{\lambda_k}{p}$$

であり，寄与率を因子が増えるごとに累積していく値を**累積寄与率**といい，通常は **50〜80%** で良好とする．今回はバリマックス回転を施したから，表 II-5 の右側 2 行目を読み累積寄与率は 80.557% である．

この例では因子数は 2 であるので因子得点行列は $F = [\boldsymbol{f}_1\ \boldsymbol{f}_2]$（$\boldsymbol{f}_1, \boldsymbol{f}_2$ は共通因子ベクトル）となる．よって，各変数ベクトル $\boldsymbol{Z}_j$ は独自因子部分を省略すると式 (II-2) より因子負荷量によって

4. 具体的なプロ野球データによる因子分析モデルの実際

$$Z_j \approx a_{j1}f_1 + a_{j2}f_2 \quad (j=1,2,\cdots,8)$$

と表現できる．ここで，**一次独立な共通因子ベクトル** f_1, f_2 は互いに**直交する**ので，ベクトル f_1, f_2 の直交基底による**二次元共通因子空間**が形成される．

一般に，因子数 r の場合では変数 j ベクトル Z_j は

$$Z_j \approx a_{j1}f_1 + a_{j2}f_2 + \cdots + a_{jr}f_r \quad (j=1,2,\cdots,p)$$

のように，共通因子ベクトル $f_1, f_2, \cdots, f_r$ による直交基底が生成する r 次元**共通因子空間（超平面）への正射影**として位置づけられる．あえてベクトル Z_j の「共通因子空間への**正射影部分**」を Z_j^* と記すと

$$Z_j^* = a_{j1}f_1 + a_{j2}f_2 + \cdots + a_{jr}f_r \quad (j=1,2,\cdots,p) \quad \text{(II-20)}$$

となる．共通因子空間では，変数ベクトル Z_j^* の成分表示は $Z_j^* = (a_{j1}, a_{j2}, \cdots a_{jr})$ になる．よって，変数ベクトル Z_j^* のノルム二乗 $|Z_j^*|^2$ は，成分二乗和は因子負荷量平方和になるので変数 j の**共通性** h_j^2 に等しく，原点

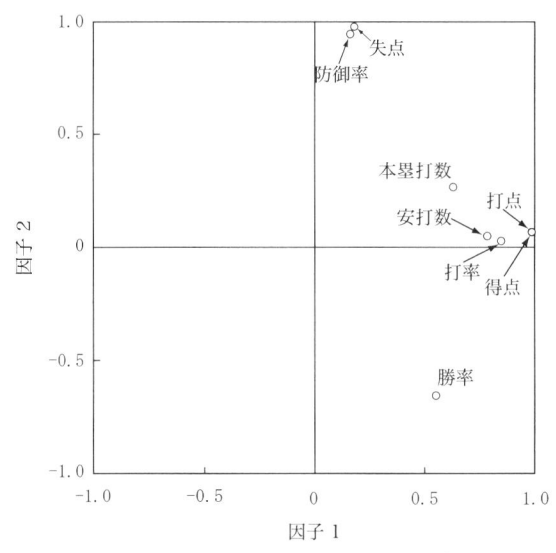

図 II-2 共通因子空間における因子負荷量による変数プロット

からベクトルの終点までの長さの平方となる．

$$|\boldsymbol{Z}_j^*|^2 = a_{j1}^2 + a_{j2}^2 + \cdots + a_{jr}^2 = h_j^2 \leqq 1$$

このように，8個の変数ベクトル $\boldsymbol{Z}_j$ $(j = 1, 2, \cdots, p)$ は2個の共通因子ベクトルによって生成される二次元共通因子空間に埋め込むことができ，共通因子空間における変数ベクトルの（各因子軸に関する）座標値は，その因子負荷量によって $(a_{j1}\ a_{j2})$ で与えられる．

累積寄与率が 80.557% であることから，8個の変数ベクトルがもつ分散情報の約 80% は二次元共通空間で表現できることを当該因子分析結果は示している．因子負荷行列 A を求めること，すなわち，各変数の**因子負荷プロット図**を得ることが因子分析を実行する主要な目的である（図 II-2）．

(4) 因子得点の活用

被験者がおのおのの共通因子をどれくらいもっているかを表すものが**因子得点**である．今回の例では，第1因子の「攻撃因子」を各球団がどれくらいもっているか，あるいは，各球団が第2因子の「防御因子」がどれほど強くあるか，を示すものが各球団の因子得点になる．

いま，変数を p 個，因子数を m 個とすると，z_i を被験者 i の標準化データ行ベクトルとすると

$$\boldsymbol{z}_i = [z_{i1}\ z_{i2}\ \cdots\ z_{ip}] \quad (i = 1, 2, \cdots, N)$$

となり，被験者 i の因子得点ベクトルを $\boldsymbol{f}_i = [f_{i1}\ f_{i2}\ \cdots\ f_{im}]$，$A$ を因子負荷行列とすると式 (II-3) より

$$\boldsymbol{z}_i \approx \boldsymbol{f}_i A^T$$

であるから，被験者 i の列ベクトル $\boldsymbol{z}_i^T$ は $\boldsymbol{\varepsilon}_i$ を誤差ベクトルとすれば

$$\boldsymbol{z}_i^T = A\boldsymbol{f}_i^T + \boldsymbol{\varepsilon}_i^T \quad (i = 1, 2, \cdots, N;\ N\text{ は被験者数}) \quad \text{(II-21)}$$

ベクトル表示をやめると

$$z_{ik} = a_{k1}f_{i1} + a_{k2}f_{i2} + \cdots + a_{km}f_{im} + \varepsilon_{ik}$$

となる．ここで，z_{ik} は変数 k の個人 i の標準化データで，a_{km} は変数 k の第 m 因子への因子負荷量，f_{im} は被験者 i の第 m 因子の因子得点のように等式にできる．

つまり，z_i^T と行列 A の成分値が既知であれば，共通因子ベクトルである**因子得点ベクトル** $\bm{f}_i^T$ の推定は**線形回帰分析**問題になる．$\varepsilon_i^T \varepsilon_i \to \min$ として $\bm{f}_i^T$ の最小二乗推定値 $\bm{f}_i^{*T}$ は

$$\bm{f}_i^{*T} = (A^T A)^{-1} A^T z_i^T \tag{II-22}$$

として求められる．式 (II-22) のベクトル $\bm{f}_i^{*T}$ のような転置表現をやめると

$$\bm{f}_i^{*} = z_i A (A^T A)^{-1}$$

となる．$\bm{f}_i^{*}(i = 1, 2, \cdots, N)$ を縦に並べて推定因子得点行列 $F^*(N \times m$ 型$)$ としてまとめると

$$F^* = ZA(A^T A)^{-1} \tag{II-23}$$

となり，通常は因子得点行列の推定は式 (II-23) から推定する．また，因子得点を求める際に Anderson-Rubin 法を選択すれば，$(\bm{f}_1, \bm{f}_2) = 0$ が成立して，**共通因子ベクトルが直交する**ことが確認できる．そして，これらの互いに直交する共通因子ベクトルが，直交座標軸の m 次元共通因子空間を形成する．

このようにして求めた因子得点を分析単位の被験者ごとに集計し，次のような球団マップや，マーケティング分野での**製品マップ**を得ることが重要な**因子得点活用法**になっている．

また，変数の数が多いときには，因子分析を使用して変数を少数の因子に絞り込んでから，各因子に関する因子得点を使用して被験者，あるいは，消費者群をクラスター化して，**市場細分化**を行うことも多い．

さて，図 II-3，表 II-7 のように 2 個の因子得点群を各「球団ごと」に集計して，「各球団の因子得点データファイル」を作成し，それを散布図により球団マップを作成する（具体的には，IBM SPSS の**データエディタ**で「データ」－「グループ集計」，「ブレイク変数」に「球団」を選び，2 個の「因子得点群」を「変数の集計」にいれて球団ごとに平均を求める）．IBM SPSS のデータエディ

タのユーザインターフェイスは優れているので，得られた**因子得点**の有効活用が容易に可能になった．このように，容易に各球団因子得点ファイルが作成できるので球団マップ（図 II-4）が得られ，被験者が製品であれば**製品マップ**が得られる．

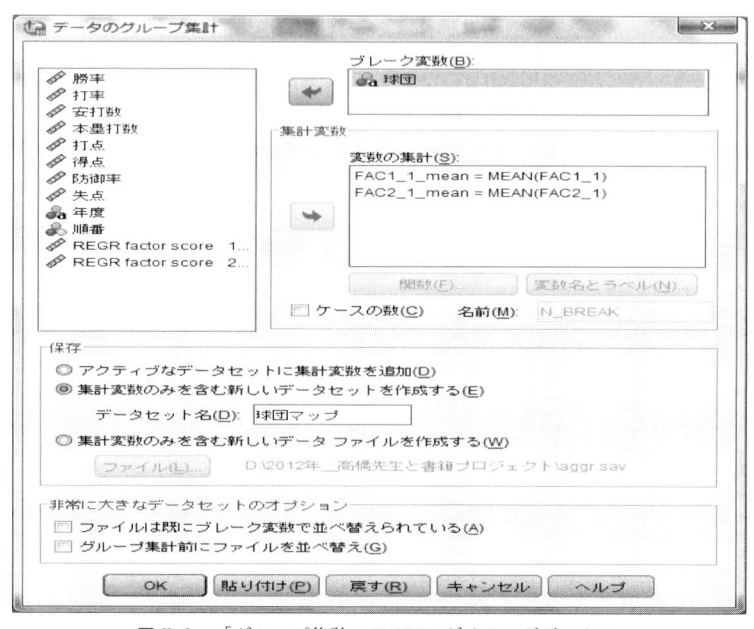

図 II-3 「グループ集計」の SPSS ダイアログボックス

表 II-7 各球団の因子得点

球　団	第1因子得点	第2因子得点
オリックス	−0.31	0.55
ソフトバンク	0.45	−0.36
ヤクルト	0.08	−0.28
ロッテ	−0.12	−0.13
DeNA	−0.17	0.27
楽　天	0.05	0.75
巨　人	0.60	−0.29
広　島	−0.19	0.88
阪　神	−0.60	−0.44
西　武	0.43	−0.33
中　日	−0.32	−0.65
日本ハム	0.09	0.04

図 II-4　球団マップ

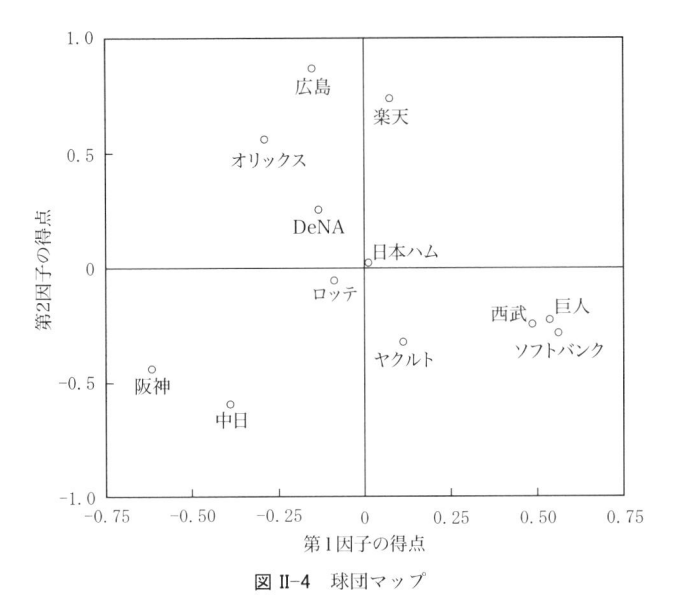

　筆者が因子分析を学生として学んだ 1980 年代半ばでは，未だ Excel (Lotus) のような便利な表計算ソフトウエアはなかった．振りかえって，当時は因子分析を実行しても因子得点の集計が面倒で，因子得点の有効活用がなされなかったことも，当時の因子分析消極論を後押していたようにもうかがえる．

5. 因子分析のチェック項目

(1) 標準化データ行列から相関行列を作成する．
(2) 因子負荷行列 A を算出して，共通因子を抽出，解釈する．
(3) 因子得点行列 F を計算し，因子軸を確定し製品マップなどのポジショニング分析を行う．
(4) アルゴリズムは相関行列の固有値分解により因子負荷行列を計算する点がポイントである．

6. 例1 主要疾患粗死亡率データの因子分析

変数は，主要疾患の心疾患，悪性新生物，糖尿病，脳血管疾患，事故，老衰，肺炎，結核の8種で，約70年間における主要疾患粗死亡率を因子分析で解析する．

(1) 共通性の推定

まず，共通性の推定を行う．

共通性は，各変数 j がもっている分散情報についてどれくらいの割合が共通因子で説明できるかを示す指標であり，継続調査を行うさいには共通性の小さい変数は共通因子構造に大きな影響を与えないので，そのような変数は調査項目から削除，スクリーニングしてもよい，ことはすでに述べた．

この分析では当初，変数「自殺」を含めて死亡構造分析を試みたが，共通性の値が 0.132 と自殺では小さかったので対象変数から削除して，8疾患で分析をした．

表 II-8 主要疾患の共通性

	初期	因子抽出後
結 核	0.965	0.937
悪性新生物	0.967	0.882
糖尿病	0.962	0.757
心疾患	0.936	0.975
脳血管疾患	0.910	0.561
肺 炎	0.970	0.967
老 衰	0.985	0.989
不慮の事故	0.785	0.611

因子抽出法：重みなし最小二乗法．
反復中に一つまたは複数の1よりも大きい共通性推定値があった．得られる解の解釈は慎重に行うこと．

(2) 共通因子数の決定

この例題では,「1以上の値をもつ固有値の数」が2個であるので, 共通因子は2個, 共通因子空間の次元は2とする (表II-9).

(3) 初期因子負荷行列の推定と回転

この例題では, 因子負荷行列の推定には「重みなし最小二乗法」を選択した. 因子負荷行列の回転には, 直交回転および斜交回転を実行した.

表II-9 固有値と累積寄与率 (説明された分数の合計)

因子	初期の固有値			抽出後の負荷量平方和			回転後の負荷量平方和		
	合計	分散の%	累積%	合計	分散の%	累積の%	合計	分散の%	累積の%
1	5.313	66.406	66.406	5.160	64.502	64.502	4.332	54.155	54.155
2	1.618	20.223	86.629	1.519	18.982	83.484	2.346	29.329	83.484
3	0.566	7.077	93.706						
4	0.330	4.122	97.828						
5	0.083	1.031	98.860						
6	0.069	0.861	99.721						
7	0.013	0.162	99.883						
8	0.009	0.117	100.000						

因子抽出法:重みなし最小二乗法.

①直交回転

バリマックス回転を行った結果は表II-10のとおりである (図II-5).

表II-10 回転後の諸変数因子負荷プロット

	因子	
	1	2
心疾患	0.970	−0.183
悪性新生物	0.929	−0.139
糖尿病	0.818	−0.298
脳血管疾患	−0.747	−0.058
不慮の事故	−0.724	0.294
老衰	−0.709	0.697
肺炎	0.112	0.977
結核	−0.512	0.821

因子抽出法:重みなし最小二乗法.
回転法:Kaiserの正規化を伴うバリマックス法.
3回の反復で回転が収束した.

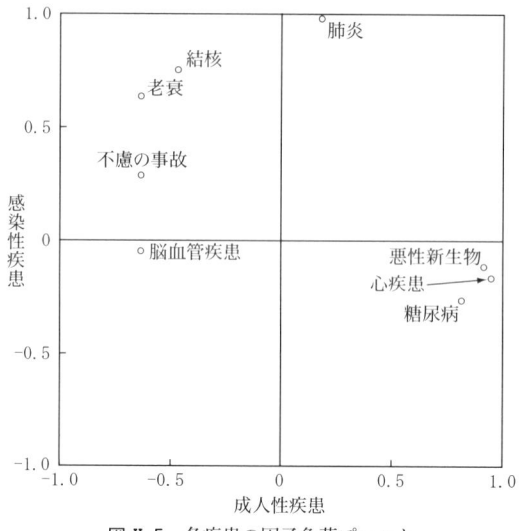

図 II-5 各疾患の因子負荷プロット

第1因子を「成人性疾患」因子と解釈した．つまり，第1軸の正の方向は，昨今死亡率の高い成人性疾患で，負の方向は過去に死亡率が高かった脳梗塞などがあるので成人性疾患と解釈した．第2因子は「感染性疾患」因子と命名した．

②**斜交回転**としてのプロマックス回転

この分析例で，死亡構造を規定するであろう2要因の成人性疾患，感染性疾患はある程度予想できる死亡構造因子であり，これら2因子が本当にデータから裏付けることができる構造因子であろうかという問題提起ができる．このように，検証的に共通因子を抽出・確認したい場合には斜交回転を行ってもよい．因子得点を推定する必要がない場合で，予想できる共通因子を確定するような場合には，斜交回転を行って共通因子を確認すればよい．

さて，直交解では共通因子ベクトル $f_1, f_2, \cdots, f_r$ の直交基底により r 次元共通因子空間を生成するが，**斜交解**では $(f_1, f_2) \neq 0$ であって，もはや**共通因子ベクトルは直交しない**．しかしながら，共通因子ベクトル $f_1, f_2, \cdots, f_r$ は未だ**一次独立**ではあるので，r 次元ベクトル空間の**基底**である．**プロマックス**

回転は，バリマックス法による因子解の単純構造をさらに改善する**斜交回転法**である．なお，因子負荷量を並べたものを**因子パターン行列**といい，相関係数を並べたものを**構造行列**という．

表 II-11　斜交回転の出力

	因子	
	1	2
心疾患	1.015	0.064
悪性新生物	0.982	0.101
脳血管疾患	−0.836	−0.267
糖尿病	0.817	−0.104
不慮の事故	−0.715	0.125
老　衰	−0.589	0.572
肺　炎	0.387	1.102
結　核	−0.340	0.761

因子抽出法：重みなし最小二乗法．
回転法：Kaiser の正規化を伴うプロマックス法．
3 回の反復で回転が収束した．

表 II-12　因子相関行列

	因子	
	1	2
1	1.000	−0.467
2	−0.467	1.000

因子抽出法：重みなし最小二乗法．
回転法：Kaiser の正規化を伴うプロマックス法．

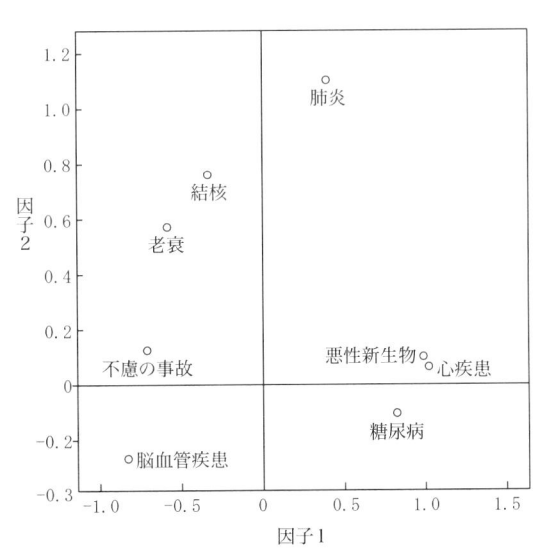

図 II-6　斜交回転による変数プロット

なお，プロマックス法による回転後の共通因子間の相関は -0.467 であるので，横軸と縦軸のなす角度は，$\cos\theta = -0.467$ より $\theta = 109°$ である．

(4) 因子得点の計算

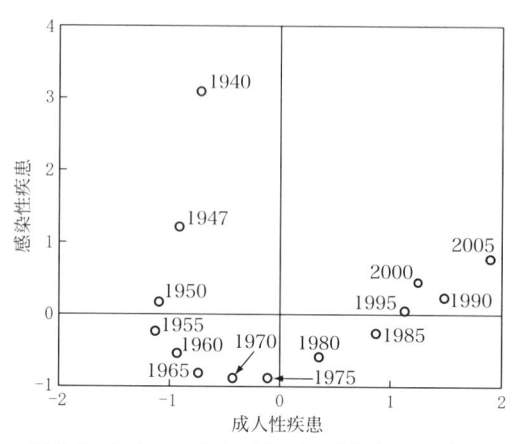

図 II-7　Anderson-Rubin 法による諸年度の因子得点

7. 例2　アルコール飲料市場の製品マップ

解析対象のデータ行列は，6点法で諸アルコール飲料について諸属性を評定してもらって得たアンケート属性データ行列である．そして，アルコール飲料製品マップの作成を試みる（表 II-14，図 II-8，図 II-9）．

ここで，評定すべき 10 属性から共通性が小さい変数「家庭的な」と「若者向きな」を削除して，再度，因子分析を実行する（表 II-15，表 II-16，図 II-10）．

次に，若年女性セグメントに被験者を絞って因子分析を行う（表 II-17，図 II-11）．

壮年男性セグメントでは製品マップは図 II-12 のとおりになる（表 II-18）．

製品ポジショニングが，若年女性ではブランデーとウイスキーの対象点が重なるなど，正確に行われているとは言いがたい．セグメント別に異なる製品マップを描いて，セグメント間の知覚相違を検討することは，有効な因子分析

の使用法とうかがえる.

表 II-13　因子分析解析結果の三次元解での共通性

	初　期	因子抽出後
スマートな	0.393	0.445
男性的な	0.269	0.540
都会的な	0.380	0.469
飲みやすい	0.530	0.702
若者向きな	0.287	0.327
高級な	0.562	0.700
ムードがある	0.565	0.636
さわやかな	0.423	0.557
家庭的な	0.218	0.216
きつい	0.359	0.415

因子抽出法：重みなし最小二乗法.

表 II-14　属性項目の因子負荷行列

	因子		
	1	2	3
ムードがある	0.793	−0.082	0.024
高級な	0.784	−0.290	0.048
都会的な	0.621	0.068	0.280
スマートな	0.621	0.223	−0.096
飲みやすい	0.040	0.713	−0.438
さわやかな	0.266	0.645	−0.265
若者向きな	−0.052	0.542	−0.176
家庭的な	−0.065	0.451	0.089
男性的な	0.038	−0.118	0.725
きつい	0.197	−0.404	0.462

因子抽出法：重みなし最小二乗法.
回転法：Kaiser の正規化を伴うバリマックス法.
4 回の反復で回転が収束した.

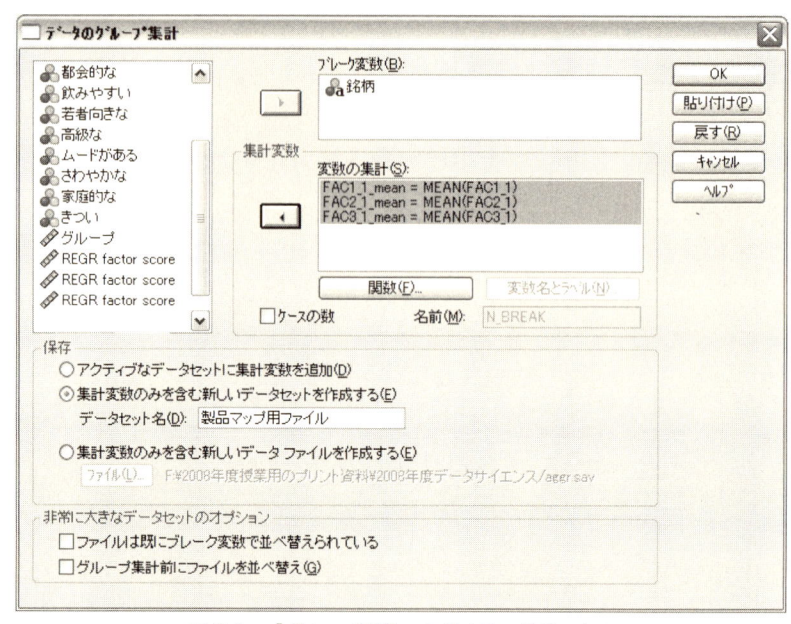

図 II-8 「グループ集計」のダイアログボックス

表 II-15　8 属性による固有値と累積寄与率

因子	初期の固有値			抽出後の負荷量平方和			回転後の負荷量平方和		
	合計	分散%	累積%	合計	分散%	累積%	合計	分散%	累積%
1	2.630	32.877	32.877	2.165	27.060	27.060	2.121	26.508	26.508
2	2.313	28.917	61.794	1.830	22.874	49.934	1.874	23.426	49.934
3	0.826	10.329	72.123						
4	0.577	7.206	79.329						
5	0.516	6.453	85.782						
6	0.473	5.912	91.694						
7	0.375	4.684	96.378						
8	0.290	3.622	100.000						

因子抽出法：重みなし最小二乗法.

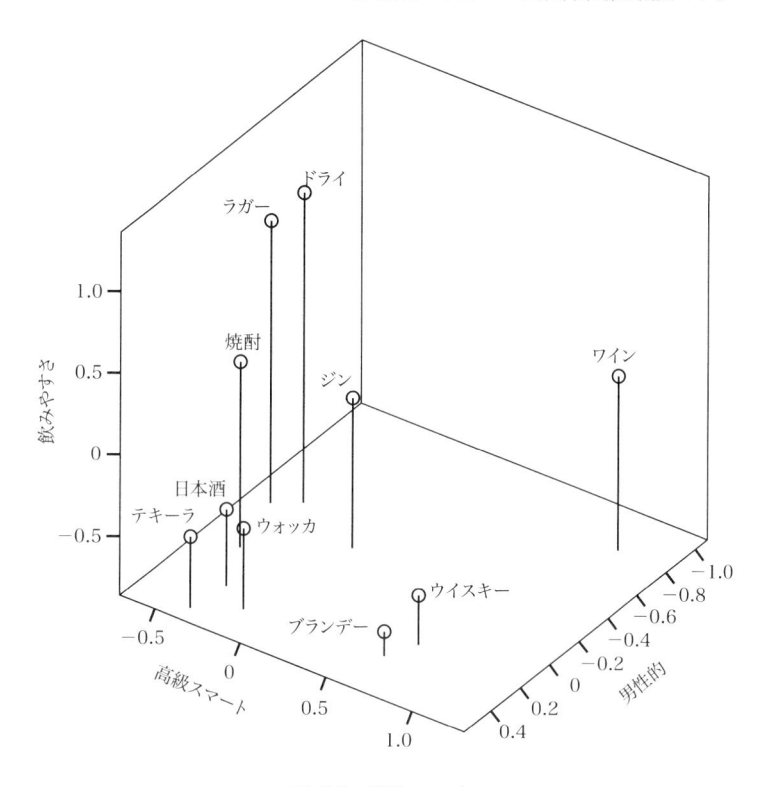

7. 例2 アルコール飲料市場の製品マップ　73

図 II-9　製品マップ

表 II-16　8属性による因子負荷行列

	因子	
	1	2
ムードがある	0.796	−0.045
高級な	0.752	−0.202
都会的な	0.638	−0.102
スマートな	0.623	0.280
飲みやすい	0.009	0.827
さわやかな	0.243	0.653
きつい	0.242	−0.632
男性的な	0.099	−0.483

因子抽出法：重みなし最小二乗法．
回転法：Kaiser の正規化を伴うバリマックス法．
3回の反復で回転が収束した．

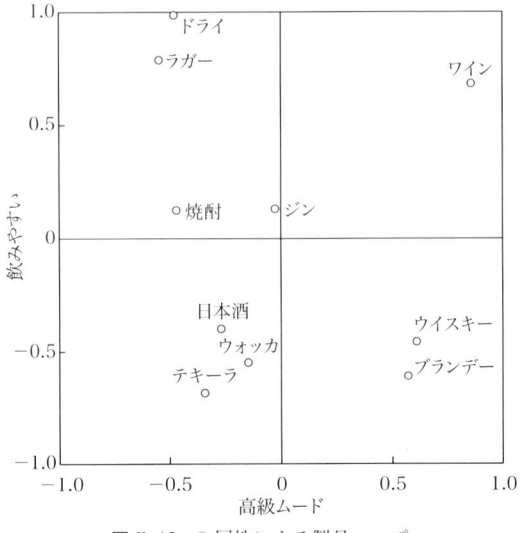

図 II-10　8属性による製品マップ

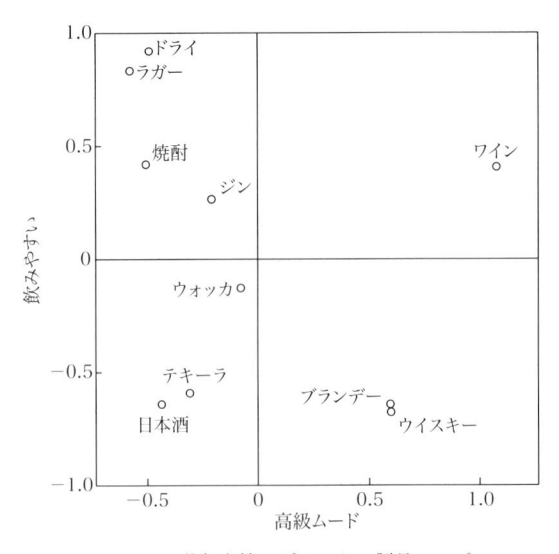

図 II-11　若年女性セグメントの製品マップ

7. 例2　アルコール飲料市場の製品マップ　75

表 II-17 若年女性セグメントの固有値と累積寄与率（説明された分散の合計）

因子	初期の固有値			抽出後の負荷量平方和			回転後の負荷量平方和		
	合計	分散%	累積%	合計	分散%	累積%	合計	分散%	累積%
1	2.956	36.944	36.944	2.515	31.437	31.437	2.368	29.602	29.602
2	2.083	26.035	62.979	1.632	20.403	51.839	1.779	22.237	51.839
3	0.898	11.226	74.205						
4	0.575	7.189	81.393						
5	0.491	6.135	87.528						
6	0.390	4.877	92.405						
7	0.370	4.624	97.029						
8	0.238	2.971	100.000						

因子抽出法：重みなし最小二乗法．

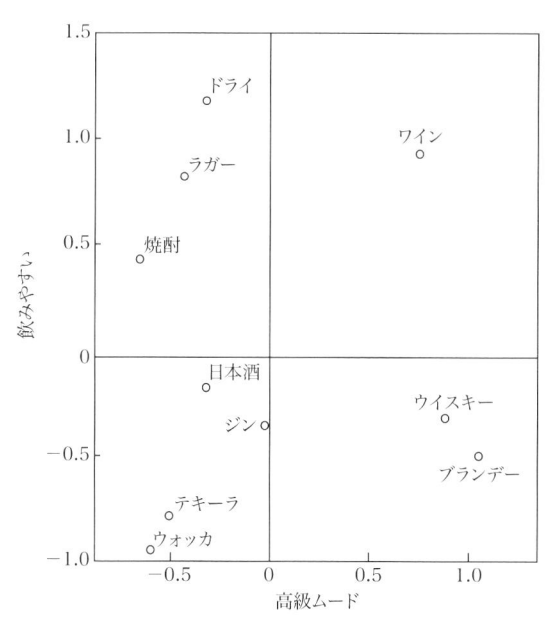

図 II-12 壮年男性セグメントのアルコール製品マップ

表 II-18 壮年男性セグメントの固有値と累積寄与率（説明された分散の合計）

因子	初期の固有値			抽出後の負荷量平方和			回転後の負荷量平方和		
	合 計	分散%	累積%	合 計	分散%	累積%	合 計	分散%	累積%
1	3.209	40.118	40.118	2.874	35.928	35.928	2.836	35.450	35.450
2	2.310	28.880	68.998	1.838	22.974	58.903	1.876	23.453	58.903
3	0.721	9.014	78.012						
4	0.498	6.219	84.231						
5	0.452	5.646	89.876						
6	0.330	4.128	94.004						
7	0.310	3.880	97.885						
8	0.169	2.115	100.000						

因子抽出法：重みなし最小二乗法．

なお，線形代数に関する図書としては，『佐武一郎著　線形代数　共立講座 21 世紀の数学』（共立出版，1997）をお勧めしたい．

III

単回帰分析とその応用

1. 回帰分析とは

　回帰分析とは，一つ以上の変数の値の組合せ $X_1, X_2, X_3, \cdots, X_n$ と，別の一つの変数の値 y との対応関係を表す**回帰式** $\hat{Y} = f(X_1, X_2, X_3, \cdots, X_n)$ を求めるための分析手法である．ここで，「Y は X_i によって（部分的に）説明される」と考えることができるため，X_i を**説明変数**，Y を**被説明変数**とよぶ．また，説明変数は**独立変数**，被説明変数は**従属変数**とよばれることもある．これは，独立変数は「自由に」値をとりえるが，従属変数は独立変数の値によって「決められてしまう」という因果関係を変数間に仮定している呼び方である．

　しかし，実際に回帰式で表される関係は相関関係を表すに過ぎず，因果関係を表すものではない．あくまでも「説明変数がこういう値をとったとき，被説明変数はこの程度の値をとる傾向がある」ということを，データからあぶりだしているにすぎない．たとえば，ある地域の学校の1学級あたりの生徒数を説明変数，各学級の生徒1人あたりの給食食べ残し量を被説明変数として回帰分析を行えば，何らかの回帰式が得られる．仮にその回帰式が統計的に意味のあるものであっても1学級の生徒数を上げ下げすることによって直接に1人あたり給食の食べ残し量を増減できるものではないはずだ．回帰式を根拠に何らかの操作を行う場合は，説明変数と被説明変数の間に因果関係が存在することを，経験や他の分析手法による分析結果を用いて検討したうえでなければ意味がない．

なお，一般に回帰式の被説明変数は，元のデータの変数名に「^」をつけて表す（上の例では $\hat{Y}$）．これは，回帰式で得られる値は説明変数をもとにした推定値にすぎず，回帰式で表しきれない情報が実際にはあり，それはリアルな元のデータとは異なるということを含意している．つまり，「$\hat{Y_i}$ は Y_i そのものではない」ということである．$e_i = Y_i - \hat{Y_i}$ とするとき，e_i は**残差**とよばれる．回帰式を求める手段の一つである最小二乗法は，回帰式は，この残差の二乗和を最小にする係数を求める．

回帰分析の目的は，回帰式を得ることであるが，このプロセスは後にみるように淡々とした計算のプロセスにすぎない．つまり，どんなデータであろうが，計算プロセスを適用すれば，必ず回帰式は得られる．しかし，「そうして得られた回帰式に意味があるのか」は，別問題である．回帰分析を行う場合はこうしたことの確認を，統計的仮説検定により行う．このような検定を，回帰式を得ることに加えて行うことで，一通り回帰分析を行ったということができる．

2. 単回帰分析

説明変数が一つの回帰分析を単回帰分析（または単純回帰分析）とよぶ．回帰式の形としては $\hat{y} = ax + b$ という，線形式を前提としたものがよくつかわれる．説明変数と被説明変数の間に曲線的な関係がみられる場合は，片方あるいは双方のデータについて対数をとるなどの変換した後で利用されることが多い．ここでは上の線形の回帰式を例に，単回帰分析の手順について述べる．

まず，被説明変数として採用した変数の個々のサンプルを Y_i，説明変数として採用したサンプル X_i を考える．ここでの添え字 i は，サンプルを識別するための番号 $(1, 2, \cdots, n)$ である．このとき，説明変数を線形変換（正確にはアフィン変換）することで被説明変数の変動が表現されると仮定する．しかし，実際にはさまざまな測定誤差や，説明変数以外のかく乱要因があると考えられるのが現実の世界である．そこで，ここでは説明変数と被説明変数の関係を式

(III-1) のように表すことにする．

$$Y_i = \alpha + \beta X_i + u_i \tag{III-1}$$

最後の u_i が測定誤差やかく乱要因であり，一般には**誤差項**とよばれる．誤差項は説明変数で表現できないさまざまな情報の総和であると考えられる（そこには測定誤差をもたらす環境的な要因も含まれる）．誤差項は系統だった変化をするのではなく，不規則な値をとると仮定する．裏を返せば，上の定式化は X_i 以外に Y_i に対して系統だった影響を与えるものはないと考えている．系統だった影響というのは，たとえば「x_i が大きいとき y_i も大きい傾向がある」など，被説明変数数の変動に対して規則的な影響を及ぼすという意味である．なお，X_i は確率変数ではない．

この「誤差項は系統だった影響を被説明変数に与えない」という仮定は，「誤差項 u_i は期待値 0，分散 σ^2（現時点では未知の値）の正規分布に従う確率変数である」，すなわち，$u \sim N(0, \sigma^2)$ であることをいっている．また，上に書いたとおり X_i は確率変数ではなく，説明変数 X_i と誤差項 u_i は独立である．したがって，被説明変数は確率変数であり，$Y \sim N(\alpha + \beta X, \sigma^2)$ である．このように，本書では回帰分析を推測統計学の立場から説明する．

ここでは，パラメータ α, β の推定値をそれぞれ a, b として表すことにする．これらの推定値を**回帰係数**とよぶ．すると，被説明変数の**推定量** $\hat{Y}_i$ は式 (III-2) のように表される．

$$\hat{Y}_i = a + bX_i \tag{III-2}$$

この被説明変数の推定量 $\hat{Y}_i$ と実際の被説明変数 Y_i との差は残差とよばれ，式 (III-3) の e_i として表される．

$$e_i = Y_i - \hat{Y}_i = Y_i - (a + bX_i) = Y_i - a - bX_i \tag{III-3}$$

Y_i が確率変数である以上，e_i も確率変数である．回帰直線は説明変数・被説明変数の各平均を必ず通る（後述）ため，その期待値は 0 であり，説明変数のサンプルと対応する残差の和は 0 になる．

$\hat{Y}_i$ は Y_i の推定量である以上，残差 e_i は「全体として小さい」ことが望まし

い．「全体として」とあえていうのは，すべてのサンプルについて系統だった誤差なく Y_i を推定するため，あるサンプルに対応する残差は負，別のあるサンプルに対応する残差は正であるという具合で，ばらついていることが前提されるためである．

そこで，すべての残差の合計を求めて最小になるように a, b を求めてみようとすると，これはいくらでも小さな数（負の数）にすることができてしまい，方法として機能しない．そこで，n 個あるサンプルごとに残差の二乗を計算し，式 (III-4) に示すようにその総和 S を最小化することにする．

$$S = \sum_{i=1}^{n} e^2 = \sum_{i=1}^{n}(Y_i - a - bX_i)^2 \qquad \text{(III-4)}$$

二乗和であるので取りえる値は正にしかならず，かつ，二次関数であるため最小値が存在するため，最適な（残差を最小化する）a, b を求めることができる．このパラメータ推定のメソッドを**最小二乗法**とよぶ．

説明変数と被説明変数の平均をそれぞれ $\bar{X}, \bar{Y}$ とすると，残差の式は，式 (III-5) のように書きかえられる．

$$\begin{aligned}Y_i - (a + bX_i) &= Y_i - \bar{Y} - a - bX_i + b\bar{X} + \bar{Y} - b\bar{X} \\ &= (Y_i - \bar{Y}) - b(X_i - \bar{X}) + (\bar{Y} - a - b\bar{X}) \qquad \text{(III-5)}\end{aligned}$$

したがって，残差の二乗は式 (III-6) のように表すことができる．

$$\begin{aligned}(Y_i - a - bX_i)^2 =& (Y_i - \bar{Y})^2 + b^2(X_i - \bar{X})^2 + (\bar{Y} - a - b\bar{X})^2 \\ & - 2b(X_i - \bar{X})(Y_i - \bar{Y}) \\ & - 2b(x_i - \bar{X})(\bar{Y} - a - b\bar{X}) \\ & + 2(y_i - \bar{Y})(\bar{Y} - a - b\bar{X}) \qquad \text{(III-6)}\end{aligned}$$

この式をすべてのサンプルについて合計したものが**残差の二乗和** S である．

$$\begin{aligned}S =& \sum(Y_i - a - bX_i)^2 \\ =& \sum(Y_i - \bar{Y})^2 + b^2\sum(X_i - \bar{X}) + n(\bar{Y} - a - b\bar{X})^2 \\ & - 2b\sum(X_i - \bar{X})(Y_i - \bar{Y}) - 2b\sum(X_i - \bar{X})(\bar{Y} - a - b\bar{X}) \\ & + 2\sum(Y_i - \bar{Y})(\bar{Y} - a - b\bar{X}) \qquad \text{(III-7)}\end{aligned}$$

ここで，$\sum(X_i - \bar{X}) = \sum(Y_i - \bar{Y}) = 0$ であるため，式 (III-7) の最後の 2 項は 0 になる．記号を整理して，X_i の平均からの差の二乗の合計（**偏差平方和**）を $S_X^2 = \sum(X_i - \bar{X})^2$，$Y_i$ の偏差平方和を $S_Y^2 = \sum(Y_i - \bar{Y})^2$ と表し，X_i, Y_i の偏差の積を $S_{XY} = \sum(X_i - \bar{X})(Y_i - \bar{Y})$ と表すことにする．すると残差の二乗和は式 (III-8) のようになる．

$$S = S_Y^2 + b^2 S_X^2 + n(\bar{Y} - a - b\bar{X})^2 - 2bS_{XY} \qquad \text{(III-8)}$$

ここで右辺に含まれる $b^2 S_X^2 - 2bS_{XY}$ について平方完成する．

$$\begin{aligned} b^2 S_X^2 - 2bS_{XY} &= \left(b^2 S_X^2 - 2bS_{XY} + \frac{S_{XY}^2}{S_X^2} \right) - \frac{S_{XY}^2}{S_X^2} \\ &= \left(bS_X - \frac{S_{XY}}{S_X} \right)^2 - \frac{S_{XY}^2}{S_X^2} \end{aligned}$$

これを用いて残差の二乗和 S を表すと式 (III-9) のようになる．

$$S = S_Y^2 + n(\bar{Y} - a - b\bar{X})^2 + \left(bS_X - \frac{S_{XY}}{S_X} \right)^2 - \frac{S_{XY}^2}{S_X^2} \qquad \text{(III-9)}$$

ここで，右辺の第 1 項は被説明変数そのものの偏差の二乗和であり，推定量 $\hat{y}_i$ を求めるためのパラメータ a, b の値とは無関係である．また，右辺の最終項も同様にパラメータ a, b の値と無関係である．残りの項はすべて二乗された値であるため，非負である．したがって，これら残りの項の最小値は 0 であるので，これらの項を 0 とするようにパラメータ a, b を定めれば残差の二乗和 S は最小となる．このときのパラメータ a, b の値が，パラメータ α, β の推定量である．具体的には式 (III-10) の連立方程式を解けばよい．

$$\begin{cases} \bar{Y} - a - b\bar{X} = 0 \\ bS_X - \dfrac{S_{XY}}{S_X} = 0 \end{cases} \qquad \text{(III-10)}$$

したがって，パラメータ α, β の推定量 a, b は式 (III-11) のとおりとなる．

$$\begin{cases} a = \bar{Y} - b\bar{X} \\ b = \dfrac{S_{XY}}{S_X^2} \end{cases} \tag{III-11}$$

以上のプロセスで，回帰式のパラメータが得られた．被説明変数の推定値 $\hat{Y}$ を縦軸に，説明変数 X を横軸にとってグラフ $\hat{Y} = a + bX$ を描けば直線となるため，このグラフを**回帰直線**とよぶ．また，この回帰式（回帰直線）を得るプロセスを「直線の当てはめ」とよぶことがある．

回帰直線は，必ず説明変数と被説明変数の平均を通る．なぜならば，式 (III-12) に示されるように被説明変数の推定値は説明変数の平均と被説明変数の平均によって定義されるためである．

$$\begin{aligned} \hat{Y}_i &= a + bX_i \\ &= (\bar{Y} - b\bar{X}) + bX_i \\ &= \bar{Y} + b(X_i - \bar{X}) \end{aligned} \tag{III-12}$$

したがって，$X_i = \bar{X}$ のとき $\hat{Y}_i = \bar{Y}$ である．

得られた回帰式がどの程度の説明力を有するのかを表す指標として決定係数がある．被説明変数の変動は，回帰式によって説明される変動と回帰式によって説明できない変動が合わさっていると考える．つまり，回帰式によって説明される変動を $S_{\hat{Y}}^2$ とすれば，$S_Y^2 = S_{\hat{Y}}^2 + \sum e^2$ となる．このとき，回帰式によって説明される部分が大きく，そうでない部分が小さければ，回帰式の説明力が高いと評価できる．これを表すために S_Y^2 で $S_{\hat{Y}}^2$ を除して比率を求めれば，サンプルの単位またはとり得る値の範囲によらず一般的な説明力の尺度として使用することができる．これを**決定係数**とよび，R^2 で表す．

$$R^2 = \dfrac{S_{\hat{Y}}^2}{S_Y^2} \tag{III-13}$$

決定係数は定義から必ず $[0, 1]$ の範囲に収まる．0 に近ければ近いほど，回帰式は説明力が低いということになる．また，1 に近ければ近いほど説明力が

高いということができる．$R^2 = 1$ のとき，すべての変動が説明変数の変動で説明されていることになるので，説明変数と非説明変数の散布図を描けばプロットされた点は一直線上に並ぶことになる．

3. 回帰係数の検定（t 検定）

　回帰式のパラメータのうち，とくに説明変数に乗じている回帰係数が 0 である可能性を検証することは大変重要である．もし切片以外の回帰係数が 0 であれば，その説明変数は被説明変数の変動と何ら共変関係がないことになる．つまり，当該説明変数は何の説明力ももたないということになる．したがって，回帰係数が 0 ではないことを少なくとも確率的に肯定できることは，回帰式の適切さを考えるうえで大変重要なことである．

　仮に得られた回帰係数が 0 でなかったとしても，真の係数が 0 であるという可能性は検定を経なければ検証できない．つまり，たまたま得られたサンプルが偶然変動を伴っていて，それが原因となって回帰係数が 0 ではない結果が出たにすぎず，真の値は 0 かもしれない．

　また，得られた回帰係数の絶対値が大きくても安心はできない．なぜならば回帰係数の大きさは，サンプルの単位に依存するためである．たとえば，メートル単位のサンプルを使って回帰分析したときに得られる回帰係数は，同じサンプルをキロメートル単位に変えて回帰分析して得られる回帰係数の 1000 分の 1 になる．

　そこで，**統計的仮説検定**を行い，回帰係数が 0 か否かを確認する．そのためにまず，回帰式 $\hat{Y} = a + bX$ の回帰係数 b について，そのばらつき具合を知る必要がある．

　残差を e_i とすれば，式（III-14）のように表せる．

$$e_i = Y_i - \hat{Y}_i = Y_i - (a + bX_i) \tag{III-14}$$

　したがって，y_i について整理すれば式（III-15）のようになる．

$$Y_i = \hat{Y}_i + e_i = a + bX_i + e_i \tag{III-15}$$

この式と，大元の想定した関数 $Y_i = \alpha + \beta X_i + u_i$ とを見比べれば，e_i は u_i の推定値と考えられよう．ここで，u_i はどのようなばらつきであるかを考え，その分散を σ^2 と考えたとしても，u_i は想定した関数の中での変数で観測不可能であるからその値を知ることはできない．そこで，e_i を利用して σ^2 の推定値 s を導く．

残差の平均 $\bar{e}$ について先に見ておくと，式 (III-16) のようになる．

$$e_i = Y_i - \hat{Y}_i = Y_i - (a + bX_i) \tag{III-16}$$

これに式 (III-11) の $a = \bar{Y} - b\bar{X}$ を代入する．

$$e_i = Y_i - \bar{Y} + b(X_i - \bar{X}) \tag{III-17}$$

ここで，偏差の和（平方和ではない）$\sum (Y_i - \bar{Y}) = \sum (X_i - \bar{X}) = 0$ であるから，$\sum e_i = 0$ も成り立つ．残差の平均は残差の合計をサンプルの大きさで除したものであるから，$\bar{e} = 0$ である．このことから，残差の偏差平方和も求まり，$\sum (e_i - \bar{e})^2 = \sum e_i^2$ である．これを，サンプルの大きさ n から回帰係数の個数 2（切片も回帰係数である）を差し引いたもの（**自由度**）で除したものが σ^2 の推定量 s^2 である．

$$s^2 = \frac{\sum e_i^2}{n-2} \tag{III-18}$$

この式 (III-18) を利用し，回帰係数 b の分散 s_b^2 が求められる．

$$s_b^2 = \frac{s^2}{s_X^2}$$

この値の平方根，すなわち回帰係数の推定値 b の標準偏差 s_b を標準誤差とよぶ．標準誤差で定義される式 (III-19) の検定統計量 t は自由度 $n-2$（サンプルの大きさから切片を含む回帰係数の個数を引く）の t 分布に従う．

$$t = \frac{b - \beta}{s_b} \sim t(n-2) \tag{III-19}$$

そこで，以下の仮説をたてる．

帰無仮説 $H_0: \beta = 0$
対立仮説 $H_1: \beta \neq 0$

検定は帰無仮説 H_0 が真と仮定して始める．帰無仮説 H_0 が誤りであることが示されれば，H_0 を棄却し，対立仮説 H_1 を採択する．すなわち，このとき回帰係数は 0 ではなく，説明変数と被説明変数の間には正または負の相関関係があり，なにがしかの関係を回帰式は物語っていると考える．

この判断をするために，確率の考え方を導入する．「H_1 を採択したときに，実は H_0 が真であるという確率は高々この程度」という値をあらかじめ設定し，H_0 のようなことが起きるのはどのくらいの確率であるのかを求める．この確率を p 値 (p-value) とよぶ（統計ソフトウェアの SPSS では「有意確率」と表示している）．この確率があらかじめ決めておいた有意水準（後述）を下回っていれば「大変まれなことが起こった」とみなして，「そんなまれなことが起きるとは合理的に考えられない．したがって最初に立てた仮説 H_0 が誤っているに違いない」と判断し，H_0 を棄却する．もちろん，p 値が有意水準を上回ったときは，帰無仮説を棄却できない．この場合は「『回帰係数は 0 ではない』とはいえない」という結論になる．つまり，確定的なことはいえないものの，説明変数に乗じている回帰係数が 0 である可能性があるという結論になり，回帰式の説明力が疑われるということになる．

有意水準は自由に設定できるが，通常は 0.05，0.01 あるいは 0.001 とする．これは「どのくらい『誤って対立仮説を採択するリスク』を負うか」という判断ミスの確率を表しており，有意水準が小さいほど，誤って対立仮説を採択するリスクが小さいということになる．

p 値を求めることができない場合は，検定統計量 t（前述のもの．この値は p 値と対応している）を求め，それが有意水準のパーセント点より大きければ H_0 を棄却し H_1 を採択する．

表計算ソフトウェアの Microsoft Excel では，t 分布の上側確率に対応するパーセント点を求める関数として TINV 関数がある．統計パッケージの場合は，通常，p 値が表示されている．

4. 最小二乗推定値の特徴

前述のように最小二乗法を用いて回帰係数を推定するのが一般的である．ところで，最小二乗法による最小二乗推定値は，以下の4個の条件のもとで一致性，漸近不偏性，漸近有効性をもつ**最尤推定量**となる．なお，ここでの議論は説明変数の個数によらず適用できるので，本節においては X は説明変数が縦に並んだ行列，$\boldsymbol{\beta}$ は回帰係数を縦に並べたベクトル，$\boldsymbol{y}$ は被説明変数が縦に並んだベクトル，p は回帰係数の個数とする．

(1) 期待値 $E(u_i) = 0$
(2) 分散 $\mathrm{Var}(u_i) = \sigma^2 I$ 　（I は単位行列）
(3) Rank $(X) = p$ 　（係数行列 X はフルランクである）
(4) 誤差項 u_i は正規分布に従う．

ここで，線形回帰モデルは式 (III-20) のように記述できるとする．

$$\boldsymbol{y} = X\boldsymbol{\beta} + \boldsymbol{u} \tag{III-20}$$

被説明変数のベクトル（反応データベクトル）$\boldsymbol{y}$ は**多変量正規分布** $\boldsymbol{N}(X\boldsymbol{\beta}, \sigma^2 I)$ に従う，すなわち，$\boldsymbol{y} \sim \boldsymbol{N}(X\boldsymbol{\beta}, \sigma^2 I)$ であるとする．$Y = [y_1, y_2, \cdots, y_N]^T$ と書くと，**尤度関数** L は式 (III-21) のように記述できる．

$$\begin{aligned} L = \prod f(y_i) &= \prod (2\pi\sigma^2)^{-\frac{1}{2}} e^{\frac{-(y_i - x_i^T \boldsymbol{\beta})^2}{\sigma^2}} \\ &= (2\pi\sigma^2)^{-\frac{N}{2}} e^{\frac{-(\boldsymbol{y} - X\boldsymbol{\beta})^T(\boldsymbol{y} - X\boldsymbol{\beta})}{\sigma^2}} \end{aligned} \tag{III-21}$$

ここで，L を最大化する $\boldsymbol{\beta}$ が**最尤推定量**である．ここで，L を最大化するという条件は最小二乗推定量を得る条件，すなわち $(\boldsymbol{y} - X\boldsymbol{\beta})^T(\boldsymbol{y} - X\boldsymbol{\beta})$ を最小化することと上式により同値となるので，最尤推定量を得ることは最小二乗推定量を得るプロセスと等しくなり，両推定量は等しくなる．最尤推定量は一致

性，漸近不偏性，漸近有効性の性質をもつ推定量である．

また，説明変数を水平面にあるベクトル，残差を説明変数ベクトルの先端に立つ垂直ベクトル，被説明変数を説明変数ベクトルの元から残差ベクトルの先端を結ぶベクトルとすれば，各ベクトルの長さはピタゴラスの定理で関係づけられる．このような形で，最小二乗法の「二乗する」という操作が妥当性をもつものと確認できる．

最小二乗推定量は，確率変数である．したがって，何らかの確率分布に従っており，期待値や分散などの値を計算することができる．このとき，誤差項に関して考えてみると，誤差項は期待値が 0，分散が一定の値，誤差項どうしは相関を持たないといったことが仮定されている．また，最小二乗推定量については，その期待値は真のパラメータとなる（つまり，もしも十分に大きなサンプルを得ることができるなら，その平均は真のパラメータとなる）ことが期待される．この特徴を**不偏性**とよぶ．また，最小二乗推定量の分散の大きさは，推定の精度を表すということができる．分散が小さいということは，効率的に（的確に）パラメータを推定しているといえよう．

推定量を得る方法は，最小二乗法に限らず，いろいろ考えることができる．しかし，最小二乗推定量は，すべての線形不偏推定量の中でもっとも分散が小さいということが知られている．つまり，「優秀な」推定方法であるといえる．このことを証明したのが，ガウス・マルコフの定理である．すなわち，最小二乗推定量は系列内において無相関で，分散が均一で，説明変数と無相関であるならば，**最良線形不偏推定量** (Best Linear Unbiased Estimator; **BLUE**) である．ただし，系列内において無相関である条件はしばしば満たされない．これについては後で説明する．

5. 回帰式によって得られる値の信頼区間・予測区間

再び単回帰式 $\hat{Y} = aX + b$ について考える（$\hat{Y}$ と X はスカラーである）．推定されるパラメータ a と b は，ある特定の値 x_0 が説明変数に与えられた場

合の被説明変数の分散を σ^2 とすれば，それぞれの期待値 (E) は式 (III-22)，(III-23)，分散 (V) は式 (III-24)，(III-25) のように得られる．

$$E[a] = E\left[\bar{Y} - b\bar{X}\right] = E[\alpha + \beta\bar{X} + \bar{e} - b\bar{X}] = \alpha \quad \text{(III-22)}$$

$$E[b] = E\left[\frac{\sum X_i Y_i - n\bar{X}\bar{Y}}{\sum X_i^2 - n\bar{X}^2}\right] = \beta \quad \text{(III-23)}$$

$$V[a] = E[a-\alpha]^2 = \frac{\sigma^2 \sum X_i^2}{n\sum(X_i - \bar{X})^2}$$
$$= \sigma^2\left(\frac{1}{n} + \frac{\bar{X}^2}{\sum(X_i - \bar{X})^2)}\right) \quad \text{(III-24)}$$

$$V[b] = E[b-\beta]^2 = \sigma^2\left(\frac{1}{\sum(X_i - \bar{X})^2}\right) \quad \text{(III-25)}$$

これをもとに，a と b は次の正規分布に従うと考えることにする．

$$a \sim N\left[\alpha, \sigma^2\left(\frac{1}{n} + \frac{\bar{X}^2}{\sum(X_i - \bar{X})}\right)\right],$$
$$b \sim N\left[\beta, \sigma^2\left(\frac{1}{\sum(X_i - \bar{X})}\right)\right] \quad \text{(III-26)}$$

なお，a と b の**共分散** (Cov) は式 (III-27) のように求められる．

$$\text{Cov}[a,b] = E[(a-\alpha)(b-\beta)] = \sigma^2\left(\frac{-\bar{X}}{\sum(X_i - \bar{X})}\right) \quad \text{(III-27)}$$

式 (III-26) と式 (III-27) から，a と b の合成関数である $a + bx_0$ (x_0 はある特定の値とする) の期待値と分散は，式 (III-28)，(III-29) のように得られる．

$$E[a + bx_0] = E[a] + x_0 E[b] = \alpha + \beta x_0 \quad \text{(III-28)}$$

$$V[a + bx_0] = V[a] + 2\,\text{Cov}[a,b] + V[b]$$
$$= \sigma^2\left(\frac{1}{n} + \frac{(x_0 - \bar{X})^2}{\sum(X_i - \bar{X})^2}\right) \quad \text{(III-29)}$$

5. 回帰式によって得られる値の信頼区間・予測区間

ここで，真の σ^2 はわからないため，b の推定誤差の二乗 s^2 で置き換えると，これらは正規分布ではなく，サンプル数から回帰係数の数（切片を含む）を引いた値，すなわち $n-2$ を自由度とする t 分布に従う．もちろん，説明変数がこれより多い場合は自由度が減る．

したがって，ある特定の値 x_0 が与えられたときそれに対応する被説明変数の $100(1-\alpha)$ %**信頼区間**は，$t_{\alpha/2}(n-2)$ を自由度 $n-2$ の上側 $\alpha/2$ 点として式（III-30）のようになる．

$$a + bx_0 \pm t_{\alpha/2}(n-2)\sqrt{s^2\left(\frac{1}{n} + \frac{(x_0-\bar{X})^2}{\sum(X_i-\bar{X})^2}\right)} \quad \text{(III-30)}$$

これはあくまでも値 x_0 が特定されているという条件付きで，回帰式で得られた被説明変数の期待値の推定区間である．いわば，すでに確定している（採取されている）特定の説明変数のサンプルから得られる被説明変数の期待値の区間推定である．

これとは別に，サンプルに存在するわけではない，任意の値を説明変数に代入した場合の被説明変数の期待値とそのばらつきを計算する場合は，より大きなばらつきを考慮しなければならない．つまり，値 x_0 に関する条件を外した場合，被説明変数の分散は σ^2 の分大きくなると考えるべきである．このように拡大された区間を「$100(1-\alpha)$ %**予測区間**」とよぶ．再び σ^2 を s^2 により置き換えて，式（III-31）で上限・下限が得られる．

$$a + bx_0 \pm t_{\alpha/2}(n-2)\sqrt{s^2\left(1 + \frac{1}{n} + \frac{(x_0-\bar{X})^2}{\sum(X_i-\bar{X})^2}\right)}$$
$$\text{(III-31)}$$

一般的な予測の局面においては，「もし説明変数がいくつであったら，信頼係数いくつのもとでどういう範囲の予測が成り立つか」を得られれば十分なことが多い．この場合上に述べた計算式で区間推定すればよい．さらに，特定の説明変数の値に限らず，定義域全体の区間推定（回帰直線の区間推定・同時予測区間の推定）を行うことも可能である．この場合，得られる区間はいっそう

広い区間になる．これを含む回帰式にかかわるさまざまな区間の推定については佐和 (1979, 第 5 章)[1] で詳細に説明されている．ただし，この種の推定を行う局面では外挿を利用するつもりがあることが少なくない．しかし，サンプルの得られた範囲を超えた値で回帰式を使った予測を行う場合は，回帰式の有効性そのものが疑問視される場合があるので注意を要する．

また，Wooldridge (2005, 6.4 節)[2] に式 (III-30), (III-31) を直接用いずに統計パッケージの出力を利用する方法の説明がある．次の「単回帰分析の実際」の節ではその方法を用いて信頼区間と予測区間を算出する例を載せる．

6. 単回帰分析の実際：15 歳未満人口と幼稚園施設数データの分析

表 III-1 は 2010 年の東京都特別区（23 区）の 15 歳未満人口と幼稚園の施設数である[3]．これら二つのデータの間にはどのような関係があるだろうか．

いきなり回帰分析を始めるのではなく，まず二つの変数の関係を確認することが肝要である．この段階で直線的な関係が見いだされない場合は，変数を何らかの形で変換する（たとえば，対数をとる・平方根をとる・周期性を取り除くなど）必要がある．

表 III-1 東京 23 区の 15 歳未満人口と幼稚園施設数データ[3]

区 名	15 歳未満人口 (人)	幼稚園施設数	区 名	15 歳未満人口 (人)	幼稚園施設数
千代田区	5,055	12	渋 谷 区	15,417	22
中 央 区	12,936	16	中 野 区	23,205	25
港 区	22,938	30	杉 並 区	40,863	52
新 宿 区	25,000	38	豊 島 区	22,225	21
文 京 区	20,159	28	北 区	31,200	36
台 東 区	15,067	21	荒 川 区	22,073	14
墨 田 区	25,829	16	板 橋 区	55,731	37
江 東 区	55,555	32	練 馬 区	87,257	47
品 川 区	35,993	29	足 立 区	83,948	58
目 黒 区	25,719	26	葛 飾 区	53,493	33
大 田 区	75,456	49	江戸川区	95,439	46
世田谷区	95,732	69			

6. 単回帰分析の実際：15歳未満人口と幼稚園施設数データの分析

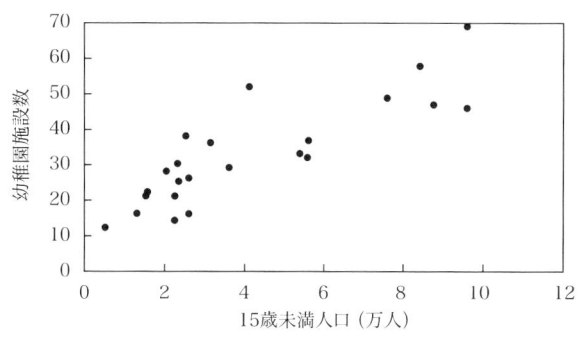

図 III-1 15歳未満人口と幼稚園施設数の関係

図 III-1 の散布図をみると，おおむね右上がりの直線的関係があるようにみえる．その関係の強さを表す**相関係数**を求めると，0.855 となり，直線的な関係にあると考えてよさそうである（表計算 Microsoft Excel では CORREL 関数を用いる）．

上に述べたプロセスで回帰分析の計算をすることはもちろん可能であるが，広く普及している表計算ソフトウェアの Microsoft Excel（Windows 版）にも回帰分析の機能はアドイン「分析ツール」の機能として備わっている．Mac OS 版の場合は，別の企業から提供されているアドインを追加する必要がある（使用方法はほぼ同じ）．

ここでは，区名を A2 から A24 まで入力し，15歳未満人口を B1 から，幼稚園施設数を C1 から変数名を含めて縦に入力したものとする．そして，幼稚園施設数を被説明変数 Y，15歳未満人口を説明変数 X として回帰式 $\hat{Y} = \alpha + \beta X$ を求める単回帰分析を行うことにする．

分析ツールの回帰分析を開くと，図 III-2 のようなウィンドウが現れる（最初は各欄に何も文字は入力されていない）．

ここでは，被説明変数の名前とデータが入っているセルを「入力 Y 範囲」に，説明変数の名前とデータが入っているセルを「入力 X 範囲」に指定する．これらの 1 行目が変数名でありデータそのものではないので「ラベル」のチェックをつける．こうして「OK」ボタンをクリックすると，ほどなく新しいワークシートが現れ，回帰分析の結果が現れる（表 III-2）．

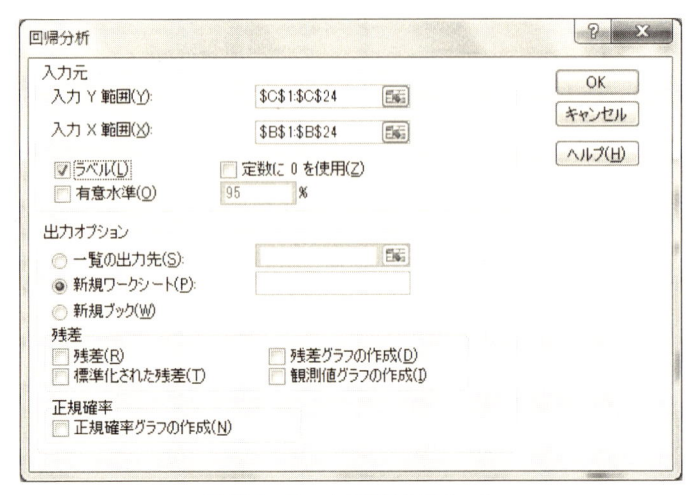

図 III-2　Excel の回帰分析ツール

表 III-2　Excel の回帰分析結果

概　要

回帰統計	
重相関 R	0.854978
重決定 R2	0.730987
補正 R2	0.718177
標準誤差	7.92744
観測数	23

分散分析表

	自由度	変動	分散	観測された分散比	有意 F
回帰	1	3586.096	3586.096	57.06317361	2.04E-07
残差	21	1319.73	62.84431		
合計	22	4905.826			

	係数	標準誤差	t	P-値	下限 95%	上限 95%
切片	14.42028	2.95388	4.88181	7.927E-05	8.277352	20.56321
15歳未満人口	0.000449	5.95E-05	7.554017	2.03991E-07	0.000326	0.000573

　一番下の表にある「係数」が回帰係数の推定値である（他のソフトウェアの場合は「B」や「β」と表示しているものもある）．したがって，ここで得られた回帰式は式（III-32）となる．

$$\hat{Y} = 14.42028 + 0.000449X \qquad \text{(III-32)}$$

なお，一番下の表の右側にある下限95%・上限95%は，回帰係数の95%推定区間の下限・上限である．説明変数に仮の値を回帰式に代入することで，被説明変数の期待値を計算することは可能である．しかし，上記の上限・下限は被説明変数の値の区間推定には使えない．この区間推定については後で計算例を示す．

先ほどの例はExcelを利用して示した．統計専門ソフトウェアとして広く使われているSPSSで上記の分析を行う場合は，「分析」メニューの「回帰」「線形」を選ぶ．出力はだいたい同じ内容で，表III-3のようになる．回帰係数は「係数」の表の「B」の欄である．なお，SPSSではp値のことを有意確率と表記している．

表 III-3 SPSSの回帰分析実行結果

投入済み変数または除去された変数[a]

モデル	投入済み変数	除去された変数	方法
1	15歳未満人口[b]	.	入力

a. 従属変数 幼稚園施設数．b. 要求された変数がすべて入力された．

モデル要約[b]

モデル	R	R2乗	調整済み R2乗	推定値の標準誤差
1	0.855[a]	0.731	0.718	7.927

a. 予測値：(定数), 15歳未満人口．b. 従属変数 幼稚園施設数．

分散分析[a]

モデル		平方和	自由度	平均平方	F値	有意確率
1	回帰	3586.096	1	3586.096	57.063	0.000[b]
	残差	1319.730	21	62.844		
	合計	4905.826	22			

a. 従属変数 幼稚園施設数．b. 予測値：(定数), 15歳未満人口．

係数[a]

モデル		標準化されていない係数		標準化係数	t値	有意確率
		B	標準誤差	ベータ		
1	(定数)	14.420	2.954		4.882	0.000
	15歳未満人口	0.000449	0.000	0.855	7.554	0.000

a. 従属変数 幼稚園施設数．

ところで，これらの回帰係数は今回利用したサンプルからたまたま 0 ではない正の値が出てきている．つまり，説明変数が大きいとき被説明変数も大きい傾向があるという，共変関係があることを示唆している．もしこのように回帰係数が 0 ではないことがサンプルに依存したものであれば，今回の回帰係数の値は雑音や計測ミスなどで生まれた真の値からのブレ（ずれ）かもしれず，そうだった場合は説明変数に説明力はないということになる．もっとサンプルサイズを大きくすると回帰係数は 0 になってしまうかもしれない．つまり，回帰係数を計算しただけでは真の回帰係数 β_0 が 0 ではないということはまだわからない．そこで，有意水準を 0.05 とし，15 歳未満人口にかかる回帰係数 β について検定する．

帰無仮説 $H_0 : \beta_0 = 0$
対立仮説 $H_1 : \beta_0 \neq 0$

ここで，検定統計量 t を求めることになるわけだが，実行結果はすでにそれを出している．それは，表 III-2 の一番下の表の「t」（SPSS では表 III-3 の「t 値」）の欄である．ここで，有意水準を 5% としたことから，t 分布の上側 5% 点（**パーセント点**）を求める．このとき自由度を指定する必要がある．自由度はサンプルの大きさ（この例では 23）から，回帰係数の数（切片を含むので 2）を引いたものである．Excel であれば，空いているセルに「= TINV(0.05, 23 − 2)」と入力すると，およそ 2.07 が得られる．15 歳未満人口の t の欄（約 7.55）はこれを上回っているので，「有意水準 0.05 のもとで帰無仮説は棄却される」という結論になり，得られた回帰係数 β は 0 ではないと判断する．

Microsoft Excel や SPSS に限らず，ほかのソフトウェアの場合も p 値 (p-value) を計算して表示していることが多い（Microsoft Excel の表示では「P-値」，SPSS の表示は「有意確率」となっている）．これを直接有意水準と比較して検定することも可能である．この場合，パーセント点を使う場合とは逆に p 値が有意水準未満であれば，帰無仮説を棄却する．今回は約 2.04×10^{-7} というきわめて小さな数であり有意水準 0.05 を下まわっているため，帰無仮説は棄却される．結論は必ずパーセント点を用いた検定と一致する．

切片については 0 でもそうでなくても回帰式の意味するところに大きな差は

ない．つまり，切片の値の大小は直線の傾きに影響しないし，説明変数の説明力とは無関係であるためである．したがって，切片が0かどうかについては検定を省くことが多い．

また，「この回帰式はどの程度サンプルと合っているか（事実と適合しているか）」は，Excelであれば最初の表の「重決定R2」（SPSSではR2乗）の欄を見る．これは決定係数 R^2 のことで，0以上1以下をとる．1に近いほどサンプルとよく適合していて，事実をよく説明していると解釈する．今回は約0.73であり，事実とよく適合していると考えられる．

「決定係数がいくつ以上のとき『よく適合している』と判断するのか」は，分野により異なる．自分の分析する分野の既存の研究を調べて，それに合わせて判断するのがよい．たとえば，サンプルにぶれの大きい社会科学系では0.5を超えていれば，適合していると判断することが多い．一方，自然科学系では0.7以上でようやく適合しているとする例もある．

被説明変数のとる値の信頼区間（サンプルにある特定の説明変数に対応する，被説明変数の真の値の入る範囲）と予測区間（任意の値を説明変数に与えたとき，それに対応する被説明変数の真の値の入る範囲）は，式（III-30），(III-31)により求める必要がある．しかし，コンピュータの統計パッケージを使えば全自動で計算可能であり，また，Excelのような表計算ソフトウェアでも，回帰分析ツールやLINEST関数で簡単に計算する方法がある．なお，LINEST関数は行列で結果を返す関数である．

式（III-30）にある標準誤差 s はExcelの回帰分析ツールでは「概要」という題名のついた表の**標準誤差**である．LINEST関数を使った場合は，3行目最終（最右）列にある値である．また，特定の説明変数の値に対する被説明変数の期待値（これは回帰式の値である）の標準誤差を求める必要がある．これは，元のサンプルからその特定の値を引いた値で回帰分析を行ったときに得られる回帰式の切片の標準誤差である．この標準誤差は，Excelで回帰分析ツールを使った場合，係数右に出ている標準誤差の値である．LINEST関数を使った場合は，2行目最終（最右）列にある値である．実際に信頼区間と予測区間を出すに当たっては，各説明変数の元のサンプルから該当する値を引いたもので

標準誤差を求めなければならないため，Excel であれば LINEST 関数を使って計算するほうが簡単であろう．

区間推定を行うに当たっては，特定する説明変数に応じて標準誤差を計算する必要がある．この方法については，Wooldridge（2005, 6.4 節）[2] で簡単に求める方法を紹介している．ここではそれにならって，各 15 歳未満年齢のサンプルに対応した幼稚園施設数の信頼区間と，予測区間を求めてみよう．

Excel で被説明変数の $100(1-\alpha)$%区間推定をするときは，回帰式で得られる推定値を挟んで次のように各区間の上限・下限を設定すればよい．

信頼上限・下限：推定値 $\pm t$ 分布上側 0.5α% 点 × INDEX（LINEST（被説明変数，説明変数－信頼区間を求める説明変数の値，TRUE, TRUE），2, 切片を含む回帰係数の個数）

予測上限・下限：推定値 $\pm t$ 分布上側 0.5α% 点 ×((INDEX LINEST(被説明変数，説明変数－予測区間を求める説明変数の値，TRUE, TRUE），2, 切片を含む回帰係数の個数)^2 + INDEX (LINEST(被説明変数，説明変数－予測区間を求める説明変数の値，TRUE, TRUE),3, 切片を含む回帰係数の個数)^2)^0.5

実際には表 III-4 のように説明変数を変換した値（全サンプルから各サンプルの値を引いた数）で回帰した結果得られる標準誤差の列を加えた表をつくると，信頼区間と予測区間をまとめて求められる．なお，表中のtは，t 分布上側 0.5α%点である．今回はサンプルサイズが 23 で回帰係数が二つ（切片を含む）あるので自由度が 21 である．したがって，95%信頼区間または予測区間を Excel で求めるなら，パーセント点を TINV(0.05, 21) として設定して計算すればよい．また，説明変数・被説明変数とあるところには，得られたサンプルのそれぞれの値が入っているセル範囲を設定する．

幼稚園数の実際の値と推定値とともに，信頼区間と予測区間（ともに 95%区間）を合わせて図 III-3 に示した．なお，Excel でライン付き散布図を描くときは説明変数（ここでは 15 歳未満人口）をキーにして昇順に並べ替えしてからグラフをつくる必要がある．

なお，ここでは説明変数が一つの場合について説明したが，後の節で扱う重

6. 単回帰分析の実際:15歳未満人口と幼稚園施設数データの分析

表 III-4 区間推定の式の入力例

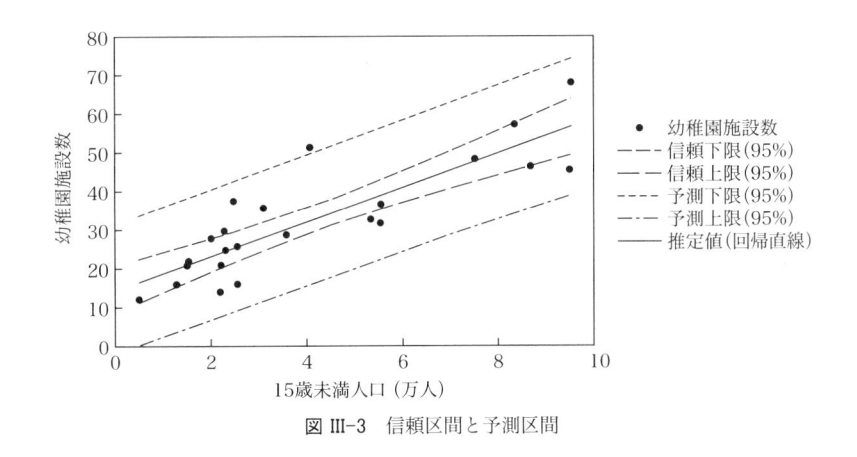

区名	15歳未満人口	幼稚園施設数	推定値	信頼下限 (95%)	信頼上限	予測下限 (95%)	予測上限
千代田区	5055	12	回帰式に代入	推定値 −t*INDEX(LINEST(被説明変数, 説明変数−5055, TRUE,TRUE), 2,2)	左の式の推定値の後の−を+に置き換える	推定値−t*((INDEX(LINEST(被説明変数, 説明変数−5055,TRUE,TRUE),2,2)^2+INDEX(LINEST(被説明変数, 説明変数−5055,TRUE,TRUE),3,2)^2)^0.5	左の式の推定値の後の−を+に置き換える
中央区	12936	16	回帰式に代入	推定値 −t*INDEX(LINEST(被説明変数, 説明変数 −12936, TRUE,TRUE), 2,2)	同上	推定値−t*((INDEX(LINEST(被説明変数, 説明変数−12936,TRUE,TRUE),2,2)^2+INDEX (LINEST(被説明変数, 説明変数−12936,TRUE,TRUE),3,2)^2)^0.5	同上

図 III-3 信頼区間と予測区間

回帰分析(説明変数が複数の回帰分析)についても同様に推定を行うことができる.

定義式から,平均近辺がもっとも信頼区間・予測区間とも狭く,平均から遠ざかるにつれて区間が広がる.

7. 弾性値（弾力性）：たばこの価格と販売量の関係

二つの変数 w, z について，その関係を明らかにするために回帰分析を行うとき，それぞれの関係を次のような式 (III-33) で仮定することがある．

$$z = aw^b \tag{III-33}$$

このままでは想定している回帰式の形が非線形で，これまでのテクニックを使うことはできない．しかし，両辺の対数をとれば線形の式 (III-34) となる．

$$\ln z = \ln a + b \ln w \tag{III-34}$$

ここで，$y = \ln z$, $\alpha = \ln a$, $\beta = b$, $x = \ln w$ とおくと，これまでにみてきた単回帰分析の式と同じ形になる．このとき，回帰係数 β は**弾性値**とよばれる．その値は説明変数が 1% 大きいときに被説明変数は何% 変化するかを示す．これは，回帰係数 β が元の説明変数の自然対数をとったもの（式 (III-34) での $\ln w$）で被説明変数（式 (III-34) での $\ln z$）を微分したものと式 (III-33) 中に含まれる w と z の比の積となるためである．

例として，表 III-5 に示したたばこの価格[4]と販売量[5]の関係について，弾性値を求める．

価格は 1 箱あたり，販売本数は億本単位である．その横に対数をとった値を示した（表 III-5）．ここでは，対数をとった販売本数を被説明変数，対数をとった価格を説明変数として回帰分析を行う．結果は表 III-6 のとおりとなった．

対数をとった価格の回帰係数は，約 −0.45 であり，価格が 1% 大きければたばこの販売量は減少するということがみて取れる．しかし，絶対値は 1 未満であるため，販売量の変動は 1% 未満であることがわかる．このように，説明変数を対数をとった価格とした場合，弾性値は（販売量・需要の）**価格弾力性**とよばれることが多い．ほかに，対数をとった所得を説明変数に用いる所得弾力性もよく使われる．奢侈品は所得弾力性が大きい（弾性値の絶対値が大きい）が，米など必需品の所得弾力性は 0 から 1 の間の値をとることが多い．

7. 弾性値（弾力性）：たばこの価格と販売量の関係

表 III-5 たばこの価格[4]と販売量の関係[5]

年	価格（1箱・円）	販売本数（億本）	ln 価格	ln 販売本数
1989	200	3138	5.298317367	8.051340933
1990	200	3220	5.298317367	8.077136639
1991	200	3283	5.298317367	8.096512918
1992	200	3289	5.298317367	8.098338846
1993	208	3326	5.33753808	8.109525660
1994	220	3344	5.393627546	8.114922974
1995	220	3347	5.393627546	8.115819701
1996	220	3483	53.93627546	8.155649270
1997	230	3280	5.438079309	8.095598701
1998	250	3366	5.521460918	8.121480375
1999	250	3322	5.521460918	8.108322290
2000	250	3245	5.521460918	8.084870629
2001	250	3193	5.521460918	8.068716193
2002	250	3126	5.521460918	8.047509511
2003	270	2994	5.598421959	8.004365565
2004	270	2926	5.598421959	7.981391582
2005	270	2852	5.598421959	7.955775782
2006	280	2700	5.634789603	7.901007052
2007	290	2585	5.669880923	7.857480787

表 III-6 Excel の回帰分析結果

概　要

回帰統計	
重相関 R	0.71243
重決定 R2	0.507556
補正 R2	0.478589
標準誤差	0.057742
観測数	19

分散分析表

	自由度	変動	分散	観測された分散比	有意 F
回帰	1	0.05842	0.05842	17.521705	0.00062
残差	17	0.056681	0.003334		
合計	18	0.115101			

	係数	標準誤差	t	P-値	下限 95%	上限 95%
切片	10.43635	0.592927	17.77007	2.04657E-12	9.285383	11.78731
ln 価格	−0.45394	0.108445	−4.18589	0.000620223	−0.68274	−0.22514

なお，SPSS の出力は表 III-7 のようになる．

表 III-7 SPSS の回帰分析結果

投入済み変数または除去された変数[a]

モデル	投入済み変数	除去された変数	方法
1	LN 価格[b]	.	入力

a. 従属変数 LN 販売本数．b. 要求された変数がすべて入力された．

モデル要約

モデル	R	R2 乗	調整済み R2 乗	推定値の標準誤差
1	0.712[a]	0.508	0.479	0.057742189608

a. 予測値：(定数)，LN 価格．

分散分析[a]

モデル		平方和	自由度	平均平方	F 値	有意確率
1	回帰	0.058	1	0.058	17.522	0.001[b]
	残差	0.057	17	0.003		
	合計	0.115	18			

a. 従属変数 LN 販売本数．b. 予測値：(定数)，LN 価格．

係数[a]

モデル		標準化されていない係数		標準化係数 ベータ	t 値	有意確率
		B	標準誤差			
1	(定数)	10.536	0.593		17.770	0.000
	LN 価格	−0.454	0.108	−0.712	−4.186	0.001

a. 従属変数 LN 販売本数．

8. 系列相関の発見と対処（ダービン・ワトソン比と一般化線形二乗法）

　最小二乗法は，推定量を得るとき系列相関がない，言い方を変えると誤差項どうしが無相関であることが前提とされている．しかし，特に社会科学分野のデータでは，この前提が成立していないことが少なからずある．この場合，得られた推定量は BLUE ではなく，より良い推定量が存在する可能性がある．

　そこで，より適切な分析を行うためには，誤差項間の相関の有無を検定する必要がある．この時使われる検定量が「**ダービン・ワトソン比 d**」である[6,7]．これはサンプルサイズを T，t 番目の残差を e_t として，式 (III-35) のように

計算する.

$$d = \frac{d\sum_{t=2}^{T}(e_t - e_{t-1})^2}{\sum_{t=1}^{T}e_t^2} \quad \text{(III-35)}$$

なお，式の定義からダービン・ワトソン比の値域は $0 \leq d \leq 4$ である．d の値が 2 に近いとき，誤差項間に（一次の）系列相関はないと判断する．また，0 に近い場合は正の，4 に近い場合は負の系列相関があると判断する．どの程度が「近い」のかは，サンプルサイズと説明変数の個数により異なり，判断基準となる数値の表（ダービン・ワトソン表）がさまざまな書籍に掲載されていることが多い．また，統計専門ソフトウェアではその数表を出力する機能があるものもある．ここではその表は割愛するが，読み取り方のみ説明する．ダービン・ワトソン表はサンプルサイズと回帰式の説明変数の数により，上限 d_U と下限 d_L が記載されている．これらの値とダービン・ワトソン比 d とを比較し，残差の系列相関の有無を判断する（ダービン・ワトソン検定）．以下のように判断する．

- $d \leq d_L$ のとき，正の系列相関がある．
- $d_U \leq d \leq 4 - d_U$ のとき，系列相関があるとはいえない．
- $d \geq 4 - d_L$ のとき，負の系列相関がある．
- 上記以外のとき，判断を保留する（ダービン・ワトソン比のみでは判断できない）．

誤差の系列相関は，おもに時系列データに関して問題になることが多い．もちろん，時系列データ以外でも推定量が BLUE であるためにはこうした系列相関があってはならないのでダービン・ワトソン比で確認することも可能ではあるが，少なくとも線形な関係がある変数同士の関係を取り扱う場合は系列相関がはっきりと「ある」といえることは多くない．やはり，時系列に採取したサンプルで問題となることが多い．なお，ダービン・ワトソン比を用いた検定は，定数項のない回帰分析には使えない．

また，ラグ付き（過去）の被説明変数が説明変数に入った回帰分析にもダー

ビン・ワトソン検定は使えない．この場合は，**ダービンの h 統計量**を用いる[8]．これは，先にダービン・ワトソン比 d を計算したうえで，ラグ付きの被説明変数の係数の分散 V，サンプル数 T を用いて式 (III-36) のように計算する．

$$h = \left(1 - \frac{1}{2}d\right)\sqrt{\frac{T}{1-VT}} \tag{III-36}$$

この値は，標準正規分布に漸近する．したがって，$|h| > 1.96$ であれば有意水準 0.05 のもとで自己相関があると考えられる．なお，平方根の中が負となる場合にも計算できるようにするなど，拡張されたものも提案されている．また，混合の前の係数を，自己相関係数の推定量 $\hat{\rho}$ で置き換えたものとしている場合もある．

また，2期以上前と相関がある場合もダービン・ワトソン比を用いた検定は使えない．この場合は**ブルーシュ・ゴッドフレイ検定（ブロシュ・ゴドフレー検定**ともよばれる）を行う[9,10]．ブルーシュ・ゴッドフレイ検定は「判断保留」というケースがないため，1期前との相関を検討する場合でも用いられる場合がある．p 期前との系列相関が残差にあるかどうか確認するためのブルーシュ・ゴッドフレイ検定のための統計量は，元の説明変数と残差の関係を表す式 $e_t = \alpha + \beta X_t + \gamma e_{t-p} + \varepsilon_t$ があると仮定し，これについてすでに得られている残差とサンプルを用いて最小二乗法により各係数を推定する．なお，これは説明変数が二つになるので，その推定は後の重回帰分析の章を参照されたい．推定にあたって得られた決定係数 R_e^2 とサンプル数 T からラグ p を減じた値 $T-p$ との積 $(T-p)R_e^2$ は，サンプルサイズが十分に大きければ自由度 p の χ^2 分布に従う．たとえば，1期前との系列相関については，パーセント点から $(T-p)R_e^2 > 3.841$ であれば有意水準 0.05 のもとで系列相関があると判断される．

例として，電気事業連合会が公開している1年ごとの大口電力使用量を被説明変数，当該年の名目 GDP を説明変数として回帰分析を行う例を示す（表 III-8 参照）．大口電力使用量[11]とは，工場をはじめとする企業などの大型施設が使用した電力量である．ビジネスが活況を呈しているときに企業活動が活

8. 系列相関の発見と対処（ダービン・ワトソン比と一般化線形二乗法）

表 III-8 日本の電力使用量と名目 GDP[11,13]

年	電力使用量（MWh）	名目 GDP（10 億円）
1992	247,517,999	487,961.5
1993	242,446,833	490,934.2
1994	252,433,288	495,743.5
1995	254,736,846	501,706.9
1996	260,241,202	511,934.8
1997	265,321,651	523,198.3
1998	256,101,200	512,438.6
1999	259,730,105	504,903.1
2000	267,045,742	509,860.0
2001	256,372,808	505,543.3
2002	261,383,562	499,147.0
2003	261,866,653	498,854.7
2004	269,070,584	503,725.4
2005	273,792,774	503,903.0
2006	287,159,751	506,687.0
2007	299,263,433	512,975.2

発になると考えると，景気の変動は大口電力使用量に影響を与えていると考えられる．景気がよいのかどうかは，通常 GDP などの経済指標を使って検討される．ここでも名目 GDP が大きいほど景気が良いと考え，名目 GDP を説明変数，電力使用量を被説明変数として分析する．なお，名目 GDP の値は日本政府の発表のもの[12]と IMF などの発表したもので，1993 年以前のデータに食い違いがみられる．ここでは IMF のデータ[13]を使用した．

　表 III-8 のデータを利用していわゆる普通の回帰分析（最小二乗法を使って直線を当てはめる）を実行してみると表 III-9 のような出力が得られる．

　決定係数は低く，回帰式の有用性は認められない．

　専門ソフトなら何とかなるかというと，そんなことはなく，たとえばSPSSでも表 III-10 のような同じ結果が得られる（係数の表のみ載せた）．

　あえていきなりこのような結果を示したが，実はこのデータを散布図など（図 III-4）で確認すれば，この結果が予想できる．

　ここで誤差に系列相関がある可能性を考えてみることにしよう．その可能性の検討のため，ダービン・ワトソン比を計算する．Excel の回帰分析ツールを使う場合，サンプルのセル位置を指定するウィンドウで「残差」というチェッ

クをつけると，従属変数について回帰式で求めた理論値と，実際のサンプルとの差である残差を出力させることができる．表III-11のように出力される．

表III-9 Exelによる基本的な手順による回帰分析の結果（適切ではない）

回帰統計	
重相関 R	0.528141
重決定 R2	0.278933
補正 R2	0.227429
標準誤差	12486127
観測数	16

分散分析表

	自由度	変動	分散	観測された分散比	有意 F
回帰	1	8.44E+14	8.44323E+14	5.415679358	0.035473
残差	14	2.18E+15	1.55903E+14		
合計	15	3.03E+15			

	係数	標準誤差	t	P-値	下限 95%	上限 95%
切片	−1.6E+08	1.84E+08	−0.8916237	0.387662459	−5.6E+08	2.3E+08
X 値 1	846.7357	363.8492	2.327161223	0.035472752	66.35683	1627.115

表III-10 SPSSによる基本的な手順による回帰分析の結果（適切ではない）

係数[a]

モデル		標準化されていない係数		標準化係数 ベータ	t 値	有意確率
		B	標準誤差			
1	（定数）	−163641471.096	183531989.242		−0.892	0.388
	名目 GDP	846.736	363.849	0.528	2.327	0.035

a. 従属変数 電力消費量．

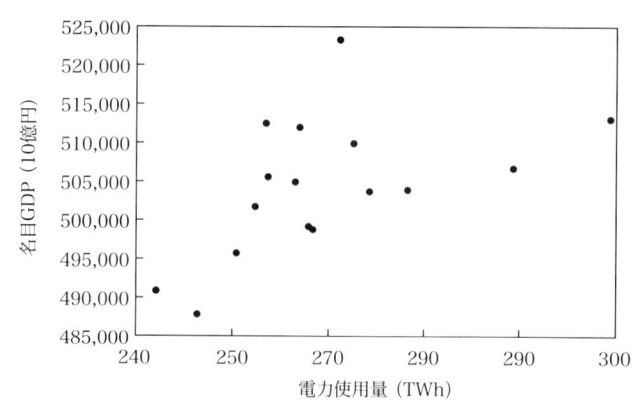

図III-4 電力使用量と名目GDPの関係（横軸の単位接頭語T（テラ）はM（メガ）の10満倍）

8. 系列相関の発見と対処（ダービン・ワトソン比と一般化線形二乗法） 105

まず，表 III-11 の残差出力の傾向をグラフでみてみよう．横軸を表 III-11 の「観測値」（サンプルの順番であり，これは年に相当する），縦軸を残差として散布図を描くと図 III-5 のようになる．

大きく波打っており，何らかの傾向がある（系列相関がある）ことがグラフからもみてとれる．

表 III-11 残差の出力結果

観測値	予測値：Y	残差
1	249,532,976.0	−2,014,977
2	252,050,096.0	−9,603,263
3	256,122,261.5	−3,688,974
4	261,171,685.4	−6,434,839
5	269,832,013.7	−9,590,812
6	279,369,221.6	−14,000,000
7	270,258,599.2	−14,000,000
8	263,878,022.1	−4,147,917
9	268,075,206.4	−1,029,464
10	264,420,102.3	−8,047,294
11	259,004,126.6	2,379,435
12	258,756,625.7	3,110,027
13	262,880,821.4	6,189,763
14	263,031,201.7	10,761,572
15	265,388,514.0	21,771,237
16	270,712,957.5	285,550,475

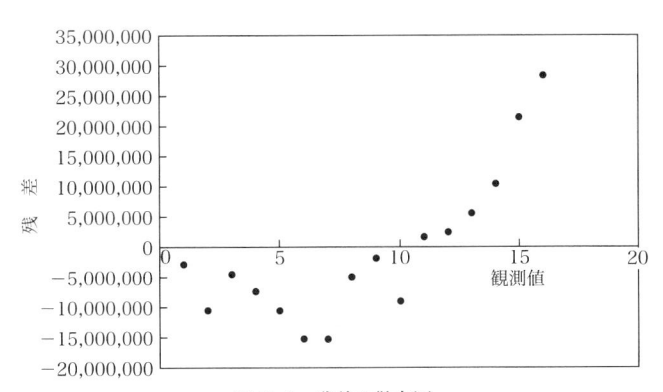

図 III-5 残差の散布図

次に，ダービン・ワトソン比を求めてみよう．Excel の二つのデータ系列の差の二乗を求める SUMXMY2 関数とデータ系列の二乗和を求める SUMSQ 関数を利用することで，ダービン・ワトソン比を求めることができる．具体的には，空いているセルに次のような式を入れればよい．なお，範囲 1 とは二つ目の残差から最後の残差まで，範囲 2 とは一つ目の残差から最後の一つ前の残差までのセル範囲である．

=SUMXMY2（範囲 1, 範囲 2）/SUMSQ（残差の入っているセル全部）

なお，SPSS の場合は回帰分析の設定ウィンドウの「統計」ボタンを押すことで，ダービン・ワトソン比の計算と検定を行うことができる（図 III-6）．

SPSS を用いた場合の出力は表 III-12 のようになる．

図 III-6　SPSS のダービン・ワトソン比出力の設定画面

表 III-12　ダービン・ワトソン比を含む SPSS 出力画面

モデル要約[b]

モデル	R	R2 乗	調整済み R2 乗	推定値の標準誤	Durbin-Watson
1	0.528[a]	0.279	0.227	12486127.40693	0.273

a. 予測値：(定数), 名目 GDP．

この例ではダービン・ワトソン比は約 0.27 となる．この値は 0 に近いため，正の系列相関があると判断される．正確には，有意水準 0.05 で説明変数が一つの場合のダービン・ワトソン表を参照すると下限 d_L は 1.12 である．ダービン・ワトソン比はこれを下まわっているので，前述の基準から正の系列相関があることが同様にわかる．ちなみに，ブルーシュ・ゴッドフレイ検定でも検定統計量は約 10.7（p 値 0.001）となり，有意水準 0.05 のもとで系列相関があるといえる．ただし，サンプルが小さい点は注意が必要である．

誤差項に系列相関が確認された場合は，上に述べた最小二乗法を利用するのは適切ではない．この場合は**コクラン・オーカット法**[14]とよばれる方法で推定を行う方法と，**一般化最小二乗法**を利用する方法がある．コクラン・オーカット法は，計算は簡単だが得られている情報が十分に使われていないので，コンピュータ環境の整った現在では一般化最小二乗法を使うほうがよい．ここでも一般化最小二乗法を使って分析をやり直してみよう．

はじめに，残差の系列相関について調べる．ここでは各残差を e_t とし，$e_t = \rho e_{t-1} + \varepsilon_t$ という関係を仮定して，ρ の推定値 $\hat{\rho}$ を求める．これは，2 期目以降のデータについて，その一つ前の期のデータとの相関係数を計算して推定値とする．もちろん，第 1 期の 1 期前は存在しないので，利用されるデータペアのもっとも項目番号の小さな組合せは「2 期目と 1 期目」となる．

なお，一般的な相関係数の計算（たとえば，Excel の CORREL 関数による計算）では，第 1 期から最終期の 1 期前までの残差と第 2 期から最終期までの残差を使って計算することになる．

しかし，ここで求める相関係数は，もともと同じ変数（残差）である．したがって，平均・分散をすべての残差にわたって計算したものを使うべきである．すべての期にわたる残差の平均を $\bar{X}$，標本分散（残差平方和を期数そのもので除したもの）を V とすると，そう関係推移の推定値 $\hat{\rho}$ は式（III-37）によって求められる．

$$\hat{\rho} = \frac{\sum_{t=1}^{T-1}(X_t - \bar{X})(X_{t+1} - \bar{X})}{(T-1)V} \tag{III-37}$$

なお，サンプルサイズが大きい場合は，一般的な相関係数の計算値を用いてもあまり差はないことがある．

こうして得られた $\hat{\rho}$ を用いて，元のデータを変換する．変換方法は**プレイスとウィンステンによる変換**（**PW 変換**．Wooldridge, 2005, 12.3 節）[2]が一般的である．この方法では一つ目（第 1 期）のサンプルとそれ以降によって変換の式が異なる．元の被説明変数と説明変数が Y_t, X_t，変換してつくる被説明変数，説明変数をそれぞれ $Y_t^*, X_{1t}^*, X_{2t}^*$ とする．説明変数はもとの数より一つ増えて，この例では二つになる．一つは定数項に相当する．変換は次の式 (III-38)，(III-39)，(III-40) のように行う．なお，X^* の下付き添え字は二つの添え字であって，1 と t あるいは 2 と t の積ではない．

$$Y_t^* = \begin{cases} \sqrt{1-\hat{\rho}^2}Y_1 & (t=1) \\ Y_t - \hat{\rho}Y_{t-1} & (t \geq 2) \end{cases} \quad \text{(III-38)}$$

$$X_{1t}^* = \begin{cases} \sqrt{1-\hat{\rho}^2} & (t=1) \\ 1-\hat{\rho} & (t \geq 2) \end{cases} \quad \text{(III-39)}$$

$$X_{2t}^* = \begin{cases} \sqrt{1-\hat{\rho}^2}X_1 & (t=1) \\ X_t - \hat{\rho}X_{t-1} & (t \geq 2) \end{cases} \quad \text{(III-40)}$$

こうした変換を施したデータは表 III-13 のようになる．なお，今回のデータに関して式 (III-38)，(III-39)，(III-40) で得られた残差の自己回帰係数は $\hat{\rho} \approx 0.721$ である．

これらの変数間に $Y_t^* = \beta_1 X_{1t}^* + \beta_2 X_{2t}^* + \varepsilon^*$ という関係があると仮定して，回帰分析を行う．なお，このとき定数項を 0 とするよう設定する．結果は表 III-14 のようになる．

切片の欄に #N/A が並んでいるが，これは定数項を 0 として切片の行を利用しないためであり，問題はない．得られた推定値のうち，X_1^* の係数が求めたかったもとの回帰式の切片であり，X_2^* の係数がもとの説明変数の回帰係数で

表 III-13 PW 変換後の電力・GDP データ

Y^*	X_1^*	X_2^*
171,543,409.291	0.693054283	338,183.8171473
64,014,721.098	0.279114599	139,169.9164300
77,656,905.632	0.279114599	141,836.1678891
72,761,374.018	0.279114599	144,332.6483338
76,605,128.686	0.279114599	150,261.6203350
77,717,567.805	0.279114599	154,151.9765446
64,834,695.291	0.279114599	135,272.5838333
75,110,488.806	0.279114599	135,493.5944797
79,810,101.170	0.279114599	145,882.7264171
63,863,431.260	0.279114599	137,992.6695741
76,568,147.564	0.279114599	134,708.2155835
73,439,059.158	0.279114599	139,026.9148723
80,294,736.909	0.279114599	144,108.3296750
79,823,718.223	0.279114599	140,774.7131535
89,786,537.393	0.279114599	143,430.6839064
92,254,160.821	0.279114599	147,711.9389507

表 III-14 PW 変換を施した後の回帰分析

概 要

回帰統計	
重相関 R	0.996821656
重決定 R2	0.993653413
補正 R2	0.921771514
標準誤差	7304534.048
観測数	16

分散分析表

	自由度	変動	分散	観測された分散比	有意 F
回帰	2	1.16952E+17	5.8476E+16	1095.955033	3.225E-15
残差	14	7.46987E+14	5.33562E+13		
合計	16	1.17699E+17			

	係数	標準誤差	t	P-値	下限 95%	上限 95%
切片	0	#N/A	#N/A	#N/A	#N/A	#N/A
$X1^*$	−151,924,931.6	148,853,382.1	−1.020634731	0.324741547	−4.71E+08	1.67E+08
$X2^*$	829.8932118	295.4807797	2.808619947	0.013941725	196.14997	1463.636

ある.以上のプロセスにより得られた回帰式は次の式 (III-41) のようになる (係数は小数点以下第 1 位まで表示した).

$$\hat{Y}_t = -151924931.6 + 829.9 X_t \qquad \text{(III-41)}$$

なお，同じデータで自己相関係数を上の式によらず一般的な相関係数の式で求めた場合，$\hat{\rho} \approx 0.874$ となる．これを用いると表 III-15 のような変換結果になる．

表 III-15 一般的な相関係数の式を利用した変換

Y^*	$\hat{X}_1^*$	X_2^*
120082151.881	0.48514513	236732.1523003
26008766.504	0.125566353	64244.2818507
40429619.682	0.125566353	66454.0752184
34000685.419	0.125566353	68212.1034540
37490732.797	0.125566353	73225.4058451
37757987.707	0.125566353	75545.2859497
24095021.161	0.125566353	54936.4025698
35786598.753	0.125566353	56809.5462785
39928999.120	0.125566353	68355.7410234
22859025.980	0.125566353	59704.5608800
37202552.579	0.125566353	57082.9286028
33304071.686	0.125566353	62383.7685374
40085571.661	0.125566353	67510.0654923
38508402.006	0.125566353	63428.5615292
47746137.184	0.125566353	66057.2621135
48161284.740	0.125566353	69911.0388410

表 III-15 の変換結果から回帰分析を行うと表 III-16 のような結果になる．補正された決定係数が若干下がっている．

以上のプロセスにより得られた回帰式は式 (III-42) のようになる（係数は小数点以下第 1 位まで表示した）．

$$\hat{Y}_t = -115054686.9 + 762.3 X_t \tag{III-42}$$

コクラン・オーカット法は，上に示した手順の中で第 1 期の補正値を用いないで回帰分析を行ったものと実質的に同じである．しかし，この第 1 期の分の補正がないことで，回帰係数の値はかなり変わる．表 III-17 に自己相関係数をはじめに示した式で算出したうえで，コクラン・オーカット法で（つまり，第 1 期のデータを使わないで）回帰分析を行った結果を示す．

回帰式は式 (III-43) のようになる（回帰係数は小数第 1 位まで示した）．

$$\hat{Y}_t = -84263026.5 + 701.6 X_t \tag{III-43}$$

8. 系列相関の発見と対処（ダービン・ワトソン比と一般化線形二乗法）

表 III-16 一般的な相関係数による補正で行った回帰分析結果

概　要

回帰統計	
重相関 R	0.991026403
重決定 R2	0.982133331
補正 R2	0.909428569
標準誤差	6671679.252
観測数	16

分散分析表

	自由度	変動	分散	観測された分散比	有意 F
回帰	2	3.42551E+16	1.71275E+16	384.7909867	2.708E-12
残差	14	6.23158E+14	4.45113E+13		
合計	16	3.48783E+16			

	係数	標準誤差	t	P-値	下限 95%	上限 95%
切片	0	#N/A	#N/A	#N/A	#N/A	#N/A
$X1^*$	−115054686.9	136905452.6	−0.840395213	0.414809502	−4.09E+08	1.79E+08
$X2^*$	762.3401246	271.7401637	2.805400991	0.014030362	179.51544	1345.165

表 III-17 コクラン・オーカット法の実行結果

概　要

回帰統計	
重相関 R	0.995919097
重決定 R2	0.991854848
補正 R2	0.914305221
標準誤差	7436851.466
観測数	15

分散分析表

	自由度	変動	分散	観測された分散比	有意 F
回帰	2	8.75529E+16	4.37764E+16	791.5206832	1.813E-13
残差	13	7.18988E+14	5.53068E+13		
合計	15	8.82719E+16			

	係数	標準誤差	t	P-値	下限 95%	上限 95%
切片	0	#N/A	#N/A	#N/A	#N/A	#N/A
X 値 1	−84263026.47	178914842.8	−0.470967222	0.645469132	−4.71E+08	3.02E+08
X 値 2	701.6016162	350.7300608	2.000403429	0.066792087	−56.10461	1459.308

　回帰係数の推定値が大きく異なるほか，p 値が大きくなり，係数の有意性が疑われる結果となる．コクラン・オーカット法を実装したソフトウェアも使われることがあるが，すでに計算機環境が整った今，この方式を積極的に採用す

る理由はない．したがって一般化最小二乗法や次節で触れる最尤法など，適切な方法をとることが推奨される．

9. ロジスティック回帰分析

　これまでの分析では被説明変数が数値（比率尺度のデータ）であった．しかし，ある属性をもつか否かという**名義尺度**を被説明変数に使いたい場合がある．この場合はこれまでに述べた分析手法ではなく，**ロジスティック回帰分析**という手法を用いることが多い（なお，説明変数に名義尺度を用いる場合は，次章に述べる**ダミー変数**を使う）．

　ロジスティック回帰分析では，「A という状態である（属性をもつ）」ことを示す被説明変数は 1，そうではない場合を 0 としてデータを用意する．そのうえで，説明変数がある値であった時に「A である確率」が p であるという関係を表す回帰式を求める．ただし，これまでの方法では被説明変数の値域が 0 以上 1 以下に制限されることはないため，不適切である．また，被説明変数の真の値は 0 か 1 の 2 値であり，その背景には二項分布がある．そこで，被説明変数を次に示す式の左辺にあるような**対数オッズ**（または，**ロジット**）として，回帰式 (III-44) を求める．

$$\ln \frac{p}{1-p} = a + bX \tag{III-44}$$

このとき，求める確率の理論値は式 (III-45) で求める．これはロジスティック関数とよばれる形の関数である．

$$\hat{p} = \frac{e^{a+bX}}{1 + e^{a+bX}} \tag{III-45}$$

　式 (III-44) の形にすることで，X のとり得る範囲は $[-\infty, \infty]$ となり，p は $[0, 1]$ に制約される．そして，$p = 0.5$ 近辺の X に対する変化率と $p = 0$ また

は1近辺のそれとは異なるという「経験的な事実」にもよく適合する．たとえば，平均点が50点の100点満点のテストで50点から60点に上げる苦労（pが0.5のときと0.6のときの対応するXの差）よりも90点から100点に上げる苦労のほうが大きい」というイメージである．こうした理由から，この関数形が広く利用されている．

ロジスティック回帰分析では，最小二乗法を使って回帰係数を得ることができないため，**最尤法**という方法が用いられる．最尤法とは，「**尤度**」という指標を最大化するパラメータを探し出すという考え方である．現実には，**対数尤度**という，尤度の対数をとったものを最大化する方法が用いられる．

尤度関数 L は次のように定義されている．

$$L = \prod_{i=1}^{n}(Y_i|X_i : b, \sigma^2) \tag{III-46}$$

これの両辺対数をとる（対数尤度にする）ことで，計算が積ではなく和となり，計算が容易化される．現実には，コンピュータを使って最適値を求める（尤度を最大化する回帰係数の探索を行う）ことになる．

ここで，簡単にその用例をみてみよう．

豪華客船タイタニック号といえば，その装備とサービスとともに悲劇的な沈没事故で有名である．この沈没の際，救命ボートには女性と子供が優先して乗せられたという逸話が残っている．また，1等船室の乗客は2等・3等船室の乗客よりも多く生き延びたという話もある．そこでここでは，1等船室を利用していた個々の男性乗客（181人）の年齢を説明変数，ボートに乗れたか否かを回帰するロジスティック回帰分析を行ってみよう．なお，データはタイタニック号の史実を伝えるためのWWWサイト Encyclopedia Titanica にて公開されている[15]．

Excelは，最尤法を実装したツールをもっていない．しかし，ソルバーという最適化ツールがあるので，対数尤度関数を用意して，その値を最適化する回帰係数を探索させればよい．表III-18のような表をつくる（最初の5件のみ示している．実験したい読者は，上記サイトからデータをダウンロードされ

たい．実際には 181 件のデータとなる）．なお，実際に回帰係数の推定に使うデータは，age（年齢）と，boat（救命ボートに乗船できていれば 1，そうでなければ 0）である．P の欄には回帰係数が計算されるはずのセルを使って，式 (III-45) の $\hat{p}$ の式が入っている．LL は対数尤度の計算のための欄であり，boat の欄の値を B，P の欄を p としたとき，$\ln p^B (1-p)^{1-B}$ が入っている．最初は異なる値であるが，ソルバーを実行することで表 III-18 のような値がセットされる．

表 III-18 タイタニック号の 1 等船室の男性乗客のデータ
（最初の 5 件のみ．実際は 181 件ある）

ID	age	boat	P	LL	predicted	incorrect
2	30	0	0.434872	−0.5707	0	0
5	0	1	0.685819	−0.37714	1	0
6	47	1	0.29884	−1.20785	0	1
8	39	0	0.360132	−0.44649	0	0
10	71	0	0.156178	−0.16981	0	0

predicted の欄は IF 関数を用いて，P が 0.5 未満であれば 0（「乗船できず」と予測）そうでなければ 1 としており，boat 欄と同じであれば incorrect 欄が 0，異なっている（予測がはずれている）場合は 1 となるようにしてある．これらの欄を用いれば，得られたロジスティック回帰分析の回帰式の説明力（データとの一致割合）を検証することができる．

実際には，対数尤度として LL 欄の合計を求めるセルを用意し，それを最大化するようにソルバーを実行する．181 件のデータで実行した場合，定数が 0.780643，年齢の係数が −0.03475 となった．したがって得られた回帰式は次のようになる．

$$\hat{p} = \frac{e^{0.780643 - 0.03475 X}}{1 - e^{0.780643 - 0.03475 X}} \tag{III-47}$$

ロジスティック回帰分析は最尤法を使っているので，いわゆる決定係数はないが，それに似せた**疑似決定係数**とよばれるものがマクファーデンなど数名の

研究者により発表されている[16]．しかし，より直感的にわかりやすいのは現実の値（上の例では boat）と予測値（predicted）の一致割合を評価することであろう（もちろん，高いほうが好ましい）．

なお，パラメータの有意性の検定は「**尤度比検定**」とよばれる検定を行う．これは，得られた回帰式の対数尤度を LL，定数項のみで回帰式を求めて（1 のみのデータで切片を 0 とし回帰する）得られる対数尤度を LL_0 としたとき，対数尤度比 $-2(LL_0 - LL)$ が，χ^2 分布（自由度は定数項以外の推定する回帰係数の個数）に従うことを利用する．対数尤度比に対応する上側確率（Excel は CHIDIST 関数で計算できる）が有意水準未満のとき，「回帰係数が 0 である」という帰無仮説が棄却される．今回の例では 0.0016 となり，有意水準 0.01 で有意である．

ロジスティック回帰分析で得られた推定値は，より多くの情報をもたらすと考えられている．とくに，あとの節にて扱う重回帰分析などにロジスティック回帰分析を組み込む場合は，各推定値の検定や被説明変数への影響力の個別評価が必要になる場合もある．

各係数の有意性の検定は，全サンプルの確率の理論値を要素とするベクトル $\boldsymbol{\lambda}$ と説明変数のデータを要素とする行列 X を利用して行う．これらを使い，式（III-48）のようにして**各回帰係数の推定値の分散共分散行列をつくる**．

$$(\boldsymbol{\lambda}^T X)^{-1} \tag{III-48}$$

式（III-48）の対格要素が各推定値の分散である．各分散の平方根が各推定値の標準誤差である．各係数の推定値を標準誤差で除した値（ここでは検定統計量 z とよぶことにする）は標準正規分布に従う．そこで，z の上側確率を求めることで，p 値を得ることができる．

もし Excel で行うなら，すでに計算されている確率の理論値 $\hat{p}_i$ を利用して $1 - \hat{p}_i$ ならびにこれらの積の列をつくる．次に今求めた積と説明変数の値の積の列をつくる．この 2 列（後に述べる重回帰分析の場合には 3 列以上になる）と，定数 1・説明変数の値の 2 列とをそれぞれ行列と見立てて，行列の積を計算すれば式（III-38）の行列が得られる．なお，Excel の行列の積の関数は

MMULTI，逆行列を得る関数は MINVERSE である．ともに行列関数である（表 III-19）．

表 III-19 分散共分散行列の出力結果

分散共分散行列	constant	age
constant	0.218681	−0.005034
age	−0.005034	0.000131

こうして分散共分散行列が得られたら，前述の計算で p 値を求めて検定を行う（表 III-20）．これによれば，年齢（age）の回帰係数は有意水準 0.01 のもとで有意である．

表 III-20 p 値を求めた結果

	constant	age
推定値（ソルバーで計算）	0.781	−0.035
標準誤差（共分散の平方根）	0.468	0.011
検定統計量 z（推定値／標準偏差）	1.669	−3.035
p 値〜標準正規分布	0.048	0.001

また，「平均的なサンプル（調査対象となった個体・個人）は，説明変数の変動でどのような影響を受ける傾向があるか」を調べるには，説明変数の平均値と回帰係数の推定値を利用して，「平均的存在における確率の理論値 $\bar{\lambda}$」を求めて，**期待限界効果**を計算する．期待限界効果を求めるためには，式（III-49）を計算すればよい．i という添え字は，本節の例のように説明変数が一つの場合には意味がない．しかし，複数の説明変数がある場合（重回帰分析）は，各説明変数を区別する添え字である．

$$\bar{\lambda}(1 - \bar{\lambda})\hat{b}_i \tag{III-49}$$

これにより上の例について年齢（age）の回帰係数の期待限界効果を計算すると，表 III-21 のようになる．年齢が 1 上がると，平均的な個人は救命ボートに乗れる確率が 0.008 下がることが示された．

なお，SPSS では上記の作業を一度の作業指示で実施できる（表 III-22）．

9. ロジスティック回帰分析　117

表 III-21　期待限界効果の計算

$\bar{\lambda}$	0.352
$(1-\bar{\lambda})$	0.648
期待限界効果（age）	−0.008

表 III-22　SPSS によるロジスティック回帰分析

SPSS ロジスティック回帰

ケース処理の要約

重み付きのないケース [a]		N	パーセント
選択されたケース	分析で使用	182	100.0
	欠損ケース	0	0.0
	合計	182	100.0
選択されなかったケース		0	0.0
合計		182	100.0

a. 重み付けが有効な場合には，ケースの総数について分類表を参照する．

従属変数のエンコード

元の値	内部値
0	0
1	1

ブロック 0：開始ブロック

分類テーブル [a,b]

観　測			予　測		
			boat		正解の割合
			0	1	
ステップ 0	boat	0	116	0	100.0
		1	66	0	0.0
	全体のパーセント				63.7

a. 定数がモデルに含まれている．　b. 分類値は 0.500 である．

方程式中の変数

		B	標準誤差	Wald	自由度	有意確率	Exp (B)
ステップ 0	定数	−0.564	0.154	13.378	1	0.000	0.569

方程式中にない変数

			スコア	自由度	有意確率
ステップ 0	変数 2	age	10.380	1	0.001
	全体の統計量		10.380	1	0.001

ブロック 1 : 方法 = 強制投入法

モデル係数のオムニバス検定

		カイ 2 乗	自由度	有意確率
ステップ 1	ステップ	10.538	1	0.001
	ブロック	10.538	1	0.001
	モデル	10.538	1	0.001

モデル要約

ステップ	-2 対数尤度	Cox-Snell R2 乗	Nagelkerke R2 乗
1	227.853[a]	0.056	0.077

a. パラメータ推定値の変化が 0.001 未満であるため,反復回数 4 で推定が打ち切られた.

分類テーブル [a]

観測			予測		
			boat		正解の割合
			0	1	
ステップ 0	boat	0	106	10	91.4
		1	56	10	15.2
	全体のパーセント				63.7

a. 分類値は 0.500 である.

方程式中の変数

		B	標準誤差	Wald	自由度	有意確立	Exp(B)
ステップ 1[a]	age	-0.036	0.011	9.734	1	0.002	0.965
	定数	0.830	0.466	3.169	1	0.075	2.294

a. ステップ 1: 投入された変数 age.

以上の検定についての話題などは,松田・竹田 (2012,第 10 章)[17] に詳しく述べられているので,適宜参照されたい.

本節では 2 値をとるデータを被説明変数にする例をあげた.しかし,3 値以上の場合は多項ロジスティック回帰分析,順序関係のある質的変数を被説明変数にする場合は順序ロジスティック回帰分析を使う必要がある.また,上の例ではロジスティック関数を用いての当てはめを行ったが,正規分布の確率密度関数を使うプロビット回帰分析というものもある.実際のところ,社会科学・ビジネス・心理学関連のデータの場合,ロジスティック回帰分析でうまく当てはまる例が多い.しかし,サンプルの特性を深く調査し,適切な手法を利用す

10. 階級と比率の回帰分析

データが階級（グループ）を形成していて，その階級内である属性をもつものの比率（割合や確率）がわかっているとき比率を被説明変数，階級値を説明変数として回帰分析を行いたい場合がある．

この場合も前節と同じく，被説明変数は0以上1以下の範囲しかとらない．したがって，一度被説明変数をロジット変換してから分析を行う．なお，生起確率ではなく割合が被説明変数であるので，対数オッズという言い方はあまりしない．

ここで一つ問題になるのは，想定する回帰式でかく乱項が不均一分散となる点である．そこで，ロジット変換したうえで，得られたサンプルをかく乱項の標準偏差で重み付けしたサンプルをつくり，重みそのものと説明変数となる変数によってロジットを回帰する．重み付けした後のサンプルに適用するのは，最小二乗法である．しかし，いわゆる「切片」は0とし，重みの係数がロジットの回帰式の定数項とする．詳細な説明は浅野・中村（2000, 第10章）を参照されたい[18]．

ここでは例として，年齢階級と死亡率の対応を回帰分析してみる．平成24年の年齢階級別人口ならびに死亡数は政府統計によりWWWで公開されている[19]（表III-23）．人口は1,000人単位のものを人単位に変換して（つまり，1,000倍して）利用する．年齢は幅のある階級で示されている（5歳区切り）ので，階級値（階級上限と下限の平均）をサンプルとして採用する．死亡率は一般的には人口1,000人対で表示することが多いが，ここでは1人対で表示した．つまり，ここでの死亡率は死亡者数を人口で除したものである．これにより，0以上1以下の割合表示になるようになっている．なお，人口は90歳以上も5歳刻みで階級分けされているが，死亡率は90歳以上でまとめられているため，ここでは90歳から94歳の階級に90歳以上の人口をすべて入れてし

III 単回帰分析とその応用

表 III-23　年齢階級別人口と死亡率[19]

階級下限	階級上限	階級値	人口（人）	死亡者数	死亡率
0	4	2	5,273,000	3,284	0.000623
5	9	7	5,407,000	460	0.000085
10	14	12	5,868,000	537	0.000092
15	19	17	6,050,000	1,568	0.000259
20	24	22	6,272,000	2,622	0.000418
25	29	27	7,048,000	3,298	0.000468
30	34	32	7,833,000	4,298	0.000549
35	39	37	9,420,000	7,205	0.000765
40	44	42	9,469,000	10,868	0.001148
45	49	47	8,205,000	14,488	0.001766
50	54	52	7,678,000	21,665	0.002822
55	59	57	7,954,000	36,088	0.004537
60	64	62	10,246,000	72,452	0.007071
65	69	67	8,204,000	81,867	0.009979
70	74	72	7,396,000	114,601	0.015495
75	79	77	6,253,000	169,982	0.027184
80	84	82	4,631,000	224,115	0.048395
85	89	87	2,780,000	225,933	0.081271
90	94	92	1,146,000	249,466	0.217684

表 III-24　変換後の人口・死亡率サンプル

階級値	ロジット	分散	重み	重み付きロジット	重み付き階級値	重み
2	-7.38	3,281.95	57.29	-422.83	114.58	57.29
7	-9.37	459.96	21.45	-201.00	150.13	21.45
12	-9.30	536.95	23.17	-215.48	278.07	23.17
17	-8.26	1,567.59	39.59	-326.95	673.08	39.59
22	-7.78	2,620.90	51.19	-398.27	1126.28	51.19
27	-7.67	3,296.46	57.41	-440.18	1550.20	57.41
32	-7.51	4,295.64	65.54	-492.04	2097.32	65.54
37	-7.18	7,199.49	84.85	-608.80	3139.44	84.85
42	-6.77	10,855.53	104.19	-705.24	4375.97	104.19
47	-6.34	14,462.42	120.26	-762.14	5652.21	120.26
52	-5.87	21,603.87	146.98	-862.43	7643.09	146.98
57	-5.39	35,924.27	189.54	-1021.78	1,0803.61	189.54
62	-4.94	71,939.67	268.22	-1326.23	1,6629.37	268.22
67	-4.60	81,050.06	284.69	-1308.81	1,9074.43	284.69
72	-4.15	112,825.26	335.89	-1394.51	2,4184.42	335.89
77	-3.58	165,361.20	406.65	-1454.80	3,1311.76	406.65
82	-2.98	213,269.06	461.81	-1375.62	3,7868.47	461.81
87	-2.43	207,571.23	455.60	-1104.92	3,9637.19	455.60
92	-1.28	195,161.21	441.77	-565.12	4,0642.89	441.77

まっている．したがって，この階級は階級上限・階級値とも不正確であるが，人口自体も多くないのでそのまま実験してみることにした．

ロジットは，死亡率を（1－死亡率）で除したものの自然対数として求める．確率が割合に替わったが，前節の対数オッズの考え方と同じである．

かく乱項の分散は未知であるが，死亡率から推定可能である．死亡するか否かというイベントは二項分布であることから，人口×死亡率×（1－死亡率）で推定する（なお，かく乱項の分散はこの逆数であるが，最終的にはこの平方根である標準偏差を使うので，このまま利用する）．この標準偏差が重みとなる．この重みをロジットに乗じたものを被説明変数に，各階級値に乗じたものと重みそのものを説明変数として回帰分析を行う．Excelを使う場合は，説明変数が隣り合った列になっている必要がある（表III-24）．どのツールを使う場合でも，切片は0として最小二乗法（いわゆる，普通の線形回帰分析）を実行する．

結果としては，表III-25のようになる．

ここで，「重み」の係数がロジットの定数項であり，「重み付き階級値」の係

表III-25 Excelによる比率を被決定係数とする回帰分析の実行結果

概要

回帰統計	
重相関 R	0.995406835
重決定 R2	0.990834767
補正 R2	0.931472106
標準誤差	90.43328763
観測数	19

分散分析表

	自由度	変動	分散	観測された分散比	有意 F
回帰	2	15030148.55	7515074.273	918.9177447	3.07886E-17
残差	17	139029.0517	8178.179512		
合計	19	15169177.6			

	係数	標準誤差	t	P-値	下限 95%	上限 95%
切片	0	#N/A	#N/A	#N/A	#N/A	#N/A
重み付き階級値	0.1021	0.0062	16.6089	0.0000	0.0892	0.1151
重み	-11.2242	0.4828	-23.2475	0.0000	-12.2428	-10.2056

数がロジットを説明する(重みづけされていない,元の)階級値 X の係数である.したがって,推定結果は式(III-50)となる.

$$\hat{p} = \frac{e^{-11.2242+0.1021X}}{1-e^{-11.2242+0.1021X}} \qquad (\text{III-50})$$

本節ではロジスティック関数を利用して分析を行った.ほかにも,分布が不均一であるものの一部のサンプルしか得られないためにロジスティック関数による当てはめが有効ではないことも起こり得る.そのような場合には切断された確率分布を検討する,あるいはトービットモデルとよばれるモデルを使うなどの工夫が必要になる.こうしたモデルについては,浅野・中村(2000, 第11章)[18]にわかりやすい説明があるので参照されたい.

IV

重回帰分析とその応用

1. 重回帰分析とは

 単回帰分析では説明変数が一つであったが,そうでなければならない積極的な理由はない.被説明変数の変動をよりよく説明するために複数の説明変数を使うことも可能である.このように二つ以上の説明変数で一つの被説明変数を説明する回帰式を求める分析を**重回帰分析**とよぶ.

 ここでは,k 個の回帰係数(切片を含む.つまり,説明変数は $k-1$ 個)を求める例を考える.得られた n 個のサンプルのうち,i 番目のサンプルの説明変数を $X_{2i}, X_{3i}, \cdots, X_{ki}$ とし,被説明変数を $Y_1, Y_2, \cdots, Y_n$, 推定するパラメータ(回帰係数)を $\beta_1, \beta_2, \cdots, \beta_k$($\beta_1$ は切片),誤差項を $u_1, u_2, \cdots, u_n$ とする.先頭(最初の行)を 1 とし,続く行を X_{ji}(j は 2 から k)とする列ベクトルを $\boldsymbol{x}_i$ とする.ほかについてはそれぞれを要素とする列ベクトル $\boldsymbol{y}, \boldsymbol{\beta}, \boldsymbol{u}$ とする.また,列ベクトル $\boldsymbol{x}_i$ の転置ベクトル $\boldsymbol{x}_i'$ を縦に並べた行列を $\boldsymbol{X}$ とする.これらの関係は式 (IV-1) のように表される.

$$\boldsymbol{y} = \boldsymbol{X}\boldsymbol{\beta} + \boldsymbol{u} \qquad (\text{IV-1})$$

 ここで,標準的には誤差項について「誤差項間には系列相関がない」ことが仮定されている.また,同じ母集団からサンプルをとっているので,分散は一定であると考えるべきである.これらのことを検討するため,$\boldsymbol{u}\boldsymbol{u}^T$ について調べてみる.

$\boldsymbol{u}$ の各要素は確率変数である．確率変数を要素とする行列の期待値は，各要素の期待値を要素とする行列である．したがって，$\boldsymbol{u}\boldsymbol{u}^T$ の期待値 $E(\boldsymbol{u}\boldsymbol{u}^T)$ は式 (IV-2) のようになる．

$$E(\boldsymbol{u}\boldsymbol{u}^T) = \begin{pmatrix} E(u_1^2) & E(u_1 u_2) & \cdots & E(u_1 u_n) \\ E(u_2 u_1) & E(u_2^2) & \cdots & E(u_2 u_n) \\ \vdots & \vdots & \ddots & \vdots \\ E(u_n u_1) & E(u_n u_2) & \cdots & E(u_n^2) \end{pmatrix} \quad \text{(IV-2)}$$

ここで，各要素についてその意味を確認する．対角要素は全て u_i の分散 $V(u_i)$ である．また，それ以外の要素は u_i と u_j の共分散 $\mathrm{Cov}(u_i, u_j)$ である．このことから，$E(\boldsymbol{u}\boldsymbol{u}^T)$ は $\boldsymbol{u}$ の**分散共分散行列** $\boldsymbol{V}(\boldsymbol{u})$ とよばれる．

誤差項間の無相関と分散一定を仮定すると，$\mathrm{Cov}(u_i, u_j) = 0$，$V(u_i) = \sigma^2$ である．したがって，$\boldsymbol{u}$ の分散共分散行列 $V(\boldsymbol{u}) = E(\boldsymbol{u}\boldsymbol{u}^T)$ は式 (IV-3) のようになる（I_n は $n \times n$ の単位行列）．

$$V(\boldsymbol{u}) = \begin{pmatrix} \sigma^2 & 0 & \cdots & 0 \\ 0 & \sigma^2 & \cdots & 0 \\ \vdots & \vdots & \ddots & \vdots \\ 0 & 0 & \cdots & \sigma^2 \end{pmatrix} = \sigma^2 I_n \quad \text{(IV-3)}$$

単回帰分析の場合と同様に，重回帰分析でも最小二乗法が用いられる．最小二乗法は式 (IV-4) に示す S を最小にする回帰係数を求めるという発想である．

$$S = \sum \left(Y_i - (\beta_1 + \beta_2 X_{2i} + \beta_3 X_{3i} + \cdots + \beta_k X_{ki}) \right)^2 \quad \text{(IV-4)}$$

誤差項 $\boldsymbol{u}$ は従属変数の真の値 $\boldsymbol{y}$ と推定値 $\boldsymbol{X}\boldsymbol{\beta}$ の差である．したがって，誤差項 $\boldsymbol{u}$ は式 (IV-5) のように表せる．

$$\boldsymbol{u} = \boldsymbol{y} - \boldsymbol{X}\boldsymbol{\beta} = \begin{pmatrix} Y_1 - (\beta_1 + \beta_2 X_{21} + \beta_3 X_{31} + \cdots + \beta_k X_{k1}) \\ Y_2 - (\beta_1 + \beta_2 X_{22} + \beta_3 X_{32} + \cdots + \beta_k X_{k2}) \\ \vdots \\ Y_n - (\beta_1 + \beta_2 X_{2n} + \beta_3 X_{3n} + \cdots + \beta_k X_{kn}) \end{pmatrix}$$

$$\text{(IV-5)}$$

1. 重回帰分析とは

これにより，S は式 (IV-6) のように表すことができることがわかる．

$$S = \boldsymbol{u}\boldsymbol{u}^T = (\boldsymbol{y} - \boldsymbol{X}\boldsymbol{\beta})^T(\boldsymbol{y} - \boldsymbol{X}\boldsymbol{\beta}) \tag{IV-6}$$

求めるパラメータは誤差の二乗和である S を最小化するもの，すなわち S を $\boldsymbol{\beta}$ で微分したものが 0 となる点である．なお，$\boldsymbol{X}^T\boldsymbol{X}$ は対称行列である．したがって式 (IV-7) が成り立つ．

$$\frac{\partial \boldsymbol{S}}{\partial \boldsymbol{\beta}} = -2\boldsymbol{X}^T\boldsymbol{y} + 2\boldsymbol{X}^T\boldsymbol{X}\boldsymbol{\beta} = 0 \tag{IV-7}$$

求めるパラメータを $\hat{\boldsymbol{\beta}}^T = (\hat{\beta}_1\ \hat{\beta}_2 \cdots \hat{\beta}_k)$ とすると，式 (IV-7) の中辺と右辺を整理すれば式 (IV-8) のようになる．

$$2\boldsymbol{X}^T\boldsymbol{X}\hat{\boldsymbol{\beta}} = 2\boldsymbol{X}^T\boldsymbol{y} \qquad \boldsymbol{X}^T\boldsymbol{X}\hat{\boldsymbol{\beta}} = \boldsymbol{X}^T\boldsymbol{y} \tag{IV-8}$$

各説明変数 X_{ik} がほかの説明変数 X_{im} と比例関係にない（多重共線性（後述）がない）場合，行列 $\boldsymbol{X}^T\boldsymbol{X}$ は逆行列 $(\boldsymbol{X}^T\boldsymbol{X})^{-1}$ をもつ．この場合のみ，パラメータ $\hat{\boldsymbol{\beta}}$ を求めることができる（これが切片を含む回帰係数の並んだ行列である）．したがって，説明変数間に線形関係がないことを事前に確認することは大変重要である．したがって，各変数間の関係を散布図に描くなどする基本的な分析は，軽んじられるべきものではない．

上の式をパラメータ $\hat{\boldsymbol{\beta}}$ について解けば，式 (IV-9) のようになる．

$$\hat{\boldsymbol{\beta}} = (\boldsymbol{X}^T\boldsymbol{X})^{-1}\boldsymbol{X}^T\boldsymbol{y} \tag{IV-9}$$

これで回帰係数を得ることができる．

パラメータ $\hat{\boldsymbol{\beta}}$ の要素は切片を含む回帰係数であり，その大小に意味があるようにもみえる．しかし，これらの大小は各説明変数の被説明変数への影響力（寄与度）ではない．先に述べたとおり，回帰係数はサンプルの単位によって大きく変動する．各説明変数が被説明変数に与える影響を比較したいときは，サンプルを先に標準化したうえで回帰分析を行う．こうしたうえで得られた回帰係数は，すでに元のサンプルの単位の影響は取り去られているので，絶対値のより大きい回帰係数をもつ説明変数は，被説明変数の変動により大きな影響力をもっている（説明に寄与している）と判断できる．

なお，$E(\hat{\boldsymbol{\beta}} - \boldsymbol{\beta})(\hat{\boldsymbol{\beta}} - \boldsymbol{\beta})^T$ を計算すると，式 (IV-10) のようにパラメータの分散共分散行列となる．

$$
\begin{aligned}
&E(\hat{\boldsymbol{\beta}} - \boldsymbol{\beta})(\hat{\boldsymbol{\beta}} - \boldsymbol{\beta})^T \\
&= \begin{pmatrix}
E(\hat{\beta}_1 - \beta_1)^2 & E(\hat{\beta}_1 - \beta_1)(\hat{\beta}_2 - \beta_2) & \cdots & E(\hat{\beta}_1 - \beta_1)(\hat{\beta}_k - \beta_k) \\
E(\hat{\beta}_2 - \beta_2)(\hat{\beta}_1 - \beta_1) & E(\hat{\beta}_2 - \beta_2)^2 & \cdots & E(\hat{\beta}_2 - \beta_2)(\hat{\beta}_k - \beta_k) \\
\vdots & \vdots & \ddots & \vdots \\
E(\hat{\beta}_k - \beta_k)(\hat{\beta}_1 - \beta_1) & E(\hat{\beta}_k - \beta_k)(\hat{\beta}_2 - \beta_2) & \cdots & E(\hat{\beta}_k - \beta_k)^2
\end{pmatrix} \\
&= \begin{pmatrix}
V(\hat{\beta}_1) & \mathrm{Cov}(\hat{\beta}_1, \hat{\beta}_2) & \cdots & \mathrm{Cov}(\hat{\beta}_1, \hat{\beta}_k) \\
\mathrm{Cov}(\hat{\beta}_2, \hat{\beta}_1) & V(\hat{\beta}_2) & \cdots & \mathrm{Cov}(\hat{\beta}_2, \hat{\beta}_k) \\
\vdots & \vdots & \ddots & \vdots \\
\mathrm{Cov}(\hat{\beta}_k, \hat{\beta}_1) & \mathrm{Cov}(\hat{\beta}_k, \hat{\beta}_2) & \cdots & V(\hat{\beta}_k)
\end{pmatrix} \\
&= \boldsymbol{V}(\hat{\boldsymbol{\beta}}) \qquad\qquad\qquad\qquad\qquad\qquad\qquad\qquad \text{(IV-10)}
\end{aligned}
$$

しかし，この状態では各要素を求めることはできない．そこで，$\hat{\boldsymbol{\beta}} = (\boldsymbol{X}^T \boldsymbol{X})^{-1} \boldsymbol{X}^T \boldsymbol{y}$ に $\boldsymbol{y} = \boldsymbol{X}\boldsymbol{\beta} + \boldsymbol{u}$ を代入すれば $\hat{\boldsymbol{\beta}} = \boldsymbol{\beta} + (\boldsymbol{X}^T \boldsymbol{X})^{-1} \boldsymbol{X}^T \boldsymbol{u}$ を得るので，これを先ほどの $E(\hat{\boldsymbol{\beta}} - \boldsymbol{\beta})(\hat{\boldsymbol{\beta}} - \boldsymbol{\beta})^T$ に代入する．すると $\boldsymbol{\beta}$ が消えて $\boldsymbol{V}(\hat{\boldsymbol{\beta}}) = \sigma^2 (\boldsymbol{X}^T \boldsymbol{X})^{-1}$ が得られる．ただし，σ^2 は未知である．そこで標本から得られる不偏分散 s^2 で代用する．

ここで，誤差ベクトル $\boldsymbol{e}$ を求める．

$$
\begin{aligned}
\boldsymbol{e} &= \boldsymbol{y} - \hat{\boldsymbol{y}} \\
&= \boldsymbol{y} - (\boldsymbol{X}(\boldsymbol{X}^T \boldsymbol{X})^{-1} \boldsymbol{X}^T \boldsymbol{y}) \\
&= (\boldsymbol{I}_n - \boldsymbol{X}(\boldsymbol{X}^{'} \boldsymbol{X})^{-1} \boldsymbol{X}^T) \boldsymbol{y} \qquad\qquad \text{(IV-11)}
\end{aligned}
$$

サンプルの大きさを n，回帰係数の数を k とすると，不偏分散 s^2 は式 (IV-12) のようになる．

$$
s^2 = \frac{\boldsymbol{e}^T \boldsymbol{e}}{n - k} \qquad\qquad\qquad \text{(IV-12)}
$$

これを用いて分散共分散行列の推定値は式（IV-13）のようになる．

$$\hat{V}(\hat{\boldsymbol{\beta}}) = s^2 (\boldsymbol{X}^T \boldsymbol{X})^{-1} \tag{IV-13}$$

これにより，パラメータ間の関係を検証するための情報（分散や共分散）が得られる．

2. 回帰係数の検定（F 検定）

重回帰分析においても単回帰分析のところで紹介した t 検定を用いて，各回帰係数が 0 ではないことを確認する必要がある．これに加えて，重回帰分析では「すべての回帰係数が同時に 0 であることはない」ことを確認するための **F 検定**を行う．

ここでは次のように仮説を立てる．

　帰無仮説 H_0：回帰係数がすべて 0 である．

　対立仮説 H_1：回帰係数のうち，少なくとも一つは 0 ではない．

そこで検定統計量 F を求めることになる．これを求めるために，先に式（IV-14）の統計量を計算しておく．なお，k は切片を含む回帰係数の数，e_i は実際の被説明変数 Y_i と回帰式によって得られた値 $\hat{Y}_i$ の差である．

$$F = \frac{\sum (\hat{Y}_i - \bar{Y})^2 / (k-1)}{\sum e_i^2 / (n-k)} \tag{IV-14}$$

この値は帰無仮説のもとで自由度 $(k-1, n-k)$ の F 分布に従う．したがって，式（IV-64）で求めた検定統計量 F が有意水準 α に対応するパーセント点を超えている場合，帰無仮説を棄却する．そうではない場合，帰無仮説を棄却できないためすべての回帰係数が同時に 0 である可能性が捨てきれず，分析結果そのものの意義が疑われることになる．なぜならば，すべての回帰係数が 0 であるならば，説明変数がどのような値であっても被説明変数は切片の値で一定ということになるからである．

3. 決定係数の調整

重回帰分析における決定係数 R^2 は，説明変数の個数が増えるほど自動的に 1 に近づいていく．サンプルサイズ n と同じ数の説明変数を用意すれば，決定係数は 1 になってしまう．そこで，説明変数の個数 k の影響を割り引いた，**自由度調整済み（自由度補正済み・自由度修正済み）決定係数** R^2 を，回帰式のサンプルへの当てはまり具合を表すために使う式（IV-15）．

$$\bar{R}^2 = 1 - \frac{n-1}{n-k-1}(1-R^2) \qquad \text{(IV-15)}$$

なお，この値は負になることがあり得る．その場合は 0 と考える．

ほかに回帰式のサンプルへの当てはまり具合を測る指標として，式（IV-16）として示す赤池情報量基準（AIC）を使うこともある[1)]．

$$\text{AIC} = \ln\left(\frac{\sum_{i=1}^{n} e_i^2}{n}\right) + \frac{2k}{n} \qquad \text{(IV-16)}$$

赤池情報量基準は小さい値ほど良くサンプルとあてはまっている（情報を保っている）と解釈できる．

4. 重回帰分析の実際

ここでは重回帰分析の実施例として，熱中症による救急搬送者数と年最高気温，65 歳以上人口を使ってこれらの関係性を分析する．熱中症は高温多湿の環境に置かれたときに発症する．また，高齢者に起きやすいことが知られている．そこで，2009 年の 47 都道府県別について表 IV-1 にあげたデータを得て，それをサンプルとして分析する．なお，熱中症による救急搬送者数（以下，熱中症搬送者数）は同年の 8 月のデータを用いた．搬送者数（人）を説明変数 Y，当該年の最高気温 X_1（単位：℃．以下，最高気温）と 65 歳以上人口 X_2

4. 重回帰分析の実際　129

表 IV-1　最高気温，高齢者人口と熱中症 [2〜4]

県　名	最高気温 (°C)	65歳以上 人口(千人)	熱中症搬送 者数:8月(人)	県　名	最高気温 (°C)	65歳以上 人口(千人)	熱中症搬送 者数:8月(人)
北 海 道	25.3	1,334	64	滋 賀 県	30.3	284	104
青 森 県	26.0	344	19	京 都 府	32.1	606	218
岩 手 県	27.1	359	27	大 阪 府	32.5	1,938	461
宮 城 県	26.5	515	36	兵 庫 県	31.4	1,273	357
秋 田 県	27.8	317	46	奈 良 県	31.6	329	109
山 形 県	28.5	319	33	和歌山県	31.6	268	56
福 島 県	29.0	504	60	鳥 取 県	30.1	153	16
茨 城 県	28.6	650	102	島 根 県	29.1	209	56
栃 木 県	29.6	435	59	岡 山 県	31.9	483	164
群 馬 県	30.4	463	78	広 島 県	31.9	677	207
埼 玉 県	30.8	1,427	243	山 口 県	32.0	400	102
千 葉 県	29.7	1,291	215	徳 島 県	31.3	210	55
東 京 都	30.1	2,685	266	香 川 県	31.7	254	79
神奈川県	29.9	1,790	261	愛 媛 県	32.0	376	119
新 潟 県	28.2	620	124	高 知 県	32.1	218	106
富 山 県	28.8	284	36	福 岡 県	31.6	1,111	366
石 川 県	29.4	274	60	佐 賀 県	33.1	207	80
福 井 県	30.1	200	41	長 崎 県	32.1	368	132
山 梨 県	31.9	210	41	熊 本 県	33.8	463	223
長 野 県	29.8	566	93	大 分 県	31.6	316	89
岐 阜 県	32.0	493	126	宮 崎 県	31.4	290	86
静 岡 県	30.8	885	219	鹿児島県	33.3	450	225
愛 知 県	31.9	1,471	590	沖 縄 県	32.7	242	131
三 重 県	30.1	445	115				

（単位：千人）を説明変数とする．搬送者数は総務省消防庁 [2]，年最高気温は総務省「統計でみる都道府県のすがた 2012」[3]，65歳以上人口は総務省「人口推計（平成 21 年 10 月 1 日現在）」[4] を利用した．求める回帰係数は切片 β_0 と各説明変数の係数 β_1, β_2 であり，回帰式は $\hat{Y} = \beta_0 + \beta_1 X_1 + \beta_2 X_2$ である．

はじめに，各変数間の関係を散布図で確認する．各説明変数と被説明変数の関係は図 IV-1，IV-2 のようになっている．

これらはともに，正の相関がおぼろげにはありそうである．二つの変数を併用することで，熱中症搬送者数の変動をよりよく説明できそうである．最高気温と熱中症搬送者数の相関係数は約 0.43，65 歳以上人口と熱中症搬送者数の

図 IV-1 最高気温と熱中症搬送者数の関係

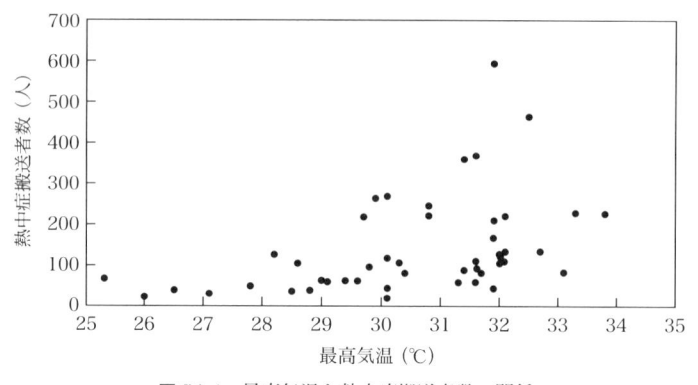

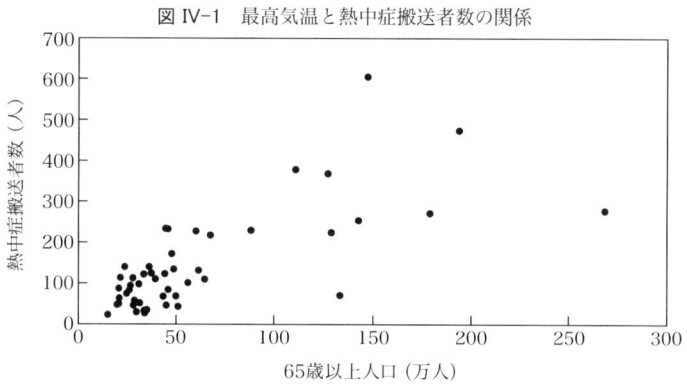

図 IV-2 高齢者人口と熱中症搬送者数の関係

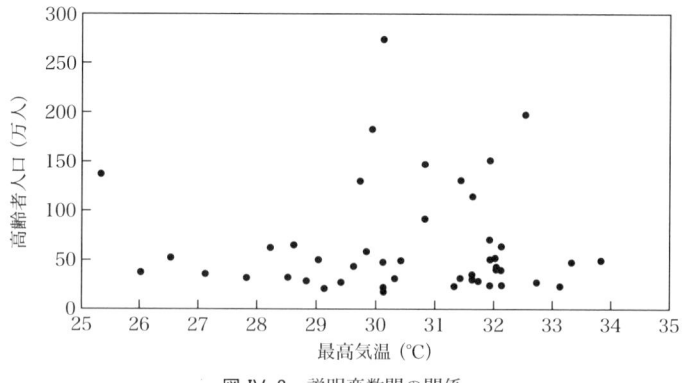

図 IV-3 説明変数間の関係

相関係数は約 0.72 であった．

また，説明変数間の関係を確認するために，散布図をつくると図 IV-3 のようになる．

これにより，説明変数間に相関がないことが確認される．なお，相関係数は約 0.038 であり，直線的関係は見られない．もちろん，変数の意味からしても，「温度が高いと高齢者が多い（少ない）傾向がある」とは考えられないため，これら二つの変数を説明変数に使うことには問題ないといえる．

比較のため，先に最高気温のみを説明変数として，熱中症搬送者数を被説明変数とした単回帰分析結果を表 IV-2 に示す．

表 IV-2 熱中症搬送者数を最高気温のみで回帰分析した結果

概　要

回帰統計	
重相関 R	0.425357
重決定 R2	0.180929
補正 R2	0.162727
標準誤差	109.5576
観測数	47

分散分析表

	自由度	変動	分散	観測された分散比	有意 F
回帰	1	119311.8	119311.8	9.940261732	0.002877271
残差	45	540129.5	12002.88		
合計	46	659441.3			

	係数	標準誤差	t	P-値	下限 95%	上限 95%
切片	-665.903	255.54	-2.60586	0.01238109	-1180.58661	-151.2186907
最高気温	26.36374	8.361961	3.152818	0.002877271	9.521888154	43.20559641

決定係数は約 0.18 と，必ずしも高い値とはいえない．しかし，回帰係数そのものは有意である．

同様に，65 歳以上人口のみを説明変数として，熱中症搬送者数を被説明変数とした単回帰分析結果を表 IV-3 に示す．

こちらも，決定係数は約 0.52 にとどまっている．回帰係数そのものは有意である．

表 IV-3 熱中症搬送者数を 65 歳以上人口のみで回帰分析した結果

概　要

回帰統計	
重相関 R	0.720878
重決定 R2	0.519666
補正 R2	0.508992
標準誤差	83.89839
観測数	47

分散分析表

	自由度	変動	分散	観測された分散比	有意 F
回帰	1	342689	342689	48.68473766	1.1E-08
残差	45	316752.3	7038.94		
合計	46	659441.3			

	係数	標準誤差	t	P-値	下限 95%	上限 95%
切片	39.55315	18.69792	2.115377	0.039966591	1.893612	77.21269
65 歳以上人口	0.159829	0.022907	6.977445	1.10057E-08	0.113693	0.205965

ここで，最高気温と 65 歳以上人口の両方を説明変数とする重回帰分析を行う．単回帰分析の際と同じく，Microsoft Excel の回帰分析アドインを利用する．操作として異なるのは，説明変数の入っている位置を入力する「変数 X 範囲」に 2 列まとめて指定する点のみである．なお，ソフトウェアの仕様で，隣接した列のみ選択できるようになっている．ここでは，A 列に県名，B 列に最高気温，C 列に 65 歳以上人口，D 列に熱中症搬送者数が入っており，それぞれ 1 行目には変数名が入っているものとする．すると，設定画面は図 IV-4 のようになる．

こうして「OK」ボタンをクリックすると，新しいワークシートに結果（表 IV-4）が表示される．

表の読み取り方は単回帰分析と同じである．したがって得られた回帰式は式 (IV-17) である．

$$\hat{Y} = -819.867 + 28.10048 X_1 + 0.163545 X_2 \qquad (\text{IV-17})$$

ちなみに，SPSS の出力は表 IV-5 のようになる．当然 Excel と同じ結果となる．

4. 重回帰分析の実際

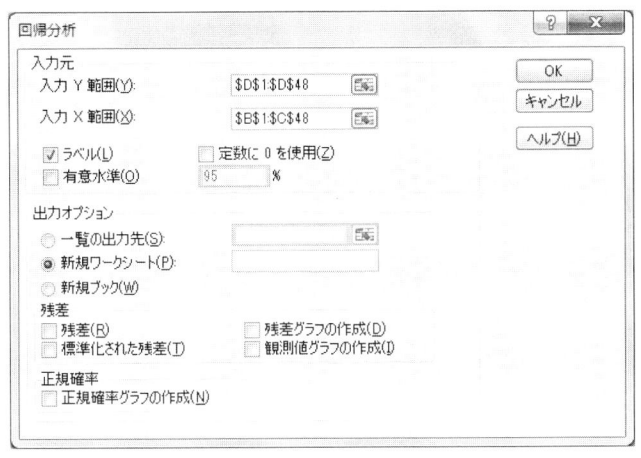

図 IV-4 Excel の回帰分析設定画面

表 IV-4 Excel の重回帰分析の出力

概 要

回帰統計	
重相関 R	0.851423
重決定 R2	0.724921
補正 R2	0.712417
標準誤差	64.20821
観測数	47

分散分析表

	自由度	変動	分散	観測された分散比	有意 F
回帰	2	478042.7	239021.4	57.97697188	4.66E-13
残差	44	181398.6	4122.695		
合計	46	659441.3			

	係数	標準誤差	t	P-値	下限 95%	上限 95%
切片	-819.867	150.6705	-5.44145	2.21738E-06	-1123.52	-516.21
最高気温	28.10048	4.904212	5.729867	8.40631E-07	18.21669	37.98427
65歳以上人口	0.163645	0.017543	9.328114	5.4569E-12	0.128289	0.199001

SPSS の出力では「**標準化係数**」という欄がある．これは，サンプルを平均 0，標準偏差 1 に標準化したうえで回帰式を求めた場合の回帰係数である．この場合，サンプルに採用された変数間の規模（桁数）の違いや単位の違いが除去されるため，説明変数がどの程度被説明変数の変動に寄与するかを表す指標

表 IV-5 SPSS の重回帰分析出力画面

投入済み変数または除去された変数 [b]

モデル	投入済み変数	除去された変数	方法
1	65 歳以上人口,最高気温 [a]	.	投入

a. 必要な変数がすべて投入された.
b. 従属変数:熱中症搬送者数(8月)

モデル集計

モデル	R	R2 乗	調整済み R2 乗	推定値の標準誤差
1	0.851[a]	0.725	0.712	64.208

a. 予測値:(定数),65 歳以上人口,最高気温.

分散分析 [b]

モデル		平方和	自由度	平均平方	F 値	有意確率
1	回帰	478042.710	2	239021.355	57.977	0.000[a]
	残差	181398.567	44	4122.695		
	全体	659441.277	46			

a. 予測値:(定数),65 歳以上人口,最高気温.
b. 従属変数:熱中症搬送者数(8月)

係数 [a]

モデル		非標準化係数 B	非標準化係数 標準誤差	標準化係数 ベータ	t	有意確率
1	(定数)	−819.867	150.671		−5.441	0.000
	最高気温	28.100	4.904	0.453	5.730	0.000
	65 歳以上人口	0.164	0.018	0.738	9.328	0.000

a. 従属変数:熱中症搬送者数(8月)

として使える.今回は 65 歳以上人口の標準化(回帰)係数の絶対値が 0.738 であり,最高気温の 0.453 を上回っている.したがって,二つの説明変数のうち 65 歳以上人口のほうが,より熱中症搬送者数の変動に大きな影響を及ぼしていると解釈できる.

各回帰係数の有意性を検証するため,それぞれの回帰係数が 0 ではないことを検定する.ここでは有意水準を 0.05 とし,帰無仮説は各係数が 0 であるとし,対立仮説は 0 ではないとする.p 値の欄(Excel では P-値,SPSS では有意確率)をみると,どれもきわめて小さい数であり,帰無仮説は棄却される.したがって,有意水準 0.05 のもとで各回帰係数は 0 ではないと結論される.

また,回帰分析そのものの有意性を問う検定も行う.帰無仮説を「同時にす

べての回帰係数が0になっている」とし，対立仮説は「どれか一つは0ではない回帰係数がある」とする．有意水準は0.05とする．Excelの回帰分析の結果の分散分析表の中で，「観測された分散比」，SPSSの出力で「F値」という項目がある．これが，検定統計量Fの値である．もちろん，FINV関数を用いてパーセント点を出し，比較することも可能であるが，Excelの出力では「有意F」，SPSSの出力では分散分析の表の「有意確率」の欄がこの検定のp値であるので，これと有意水準を比較すればよい．結果によれば4.66×10^{-13}と極めて小さく，有意水準を下回っていることから，帰無仮説は棄却される．したがって，今回の回帰分析の結果は意味のあるものと判断できる．

回帰式が現実のデータとどの程度整合しているかは決定係数で検討することが普通である．しかし，決定係数は説明変数の数を増やすことでどんどん1に近づいてしまう．サンプルの大きさと同じだけ説明変数を用意すれば，必ず決定係数は1になってしまう．そこで，重回帰分析では説明変数を増やした分を割り引いた指標として補正済み決定係数を使用する．結果の表の中では「補正R2」とあるものがそれである．先に行った単回帰分析の結果と比べて，今回は約0.712とよい当てはまり具合を示している．

5. 多重共線性

重回帰分析で最小二乗法を使うに当たっては，説明変数の間には相関関係がないことが前提されている．これは非常に重要な条件で，もし説明変数間に相関関係があると，回帰係数の有意性が下がるばかりか，符号が逆転する（正負が逆になる）ことすら起きる．このように，説明変数間に相関関係があるために正確な分析を行えなくなる現象・性質を**多重共線性**とよぶ．多重共線性の厄介な点は，たとえこの問題が発生していても，決定係数が1に近くなることはしばしば起こり，問題のある回帰式であることを分析者が見逃してしまいがちなことである．

多重共線性の起こるメカニズムは最小二乗法の計算プロセスをみることでわ

かる．すでに述べたとおり，回帰式 $y = X\hat{\beta}$ において最小二乗法で回帰係数 $\hat{\beta}$ を推定するには，式（IV-18）によるのであった．

$$\hat{\beta} = (X^T X)^{-1} X^T y \qquad \text{(IV-18)}$$

ここで，$(X^T X)^{-1}$ が存在しい場合は回帰係数を得ることはできない．つまり，$(X^T X)^{-1}$ が存在するための十分条件として X の行数が列数より多く（サンプル数が推定する回帰係数の個数より大きく），すべての列が一次独立であることが満たされなければならない．これを満たさないとき，最小二乗法で回帰係数を推定することは元来不可能なのだから，何らかの理由（サンプルにノイズがある，説明変数に過不足があるなど）で数値が求められても，それは信頼に足る推定値とはいえないのである．

コンピュータによる計算・記号処理なしでも検証の容易な推定する回帰係数が二つの場合を考えてみる．X の p 列を構成する要素が縦に並んだベクトルを x_p とする．このとき，二つの独立変数に完全な共変関係があるということは α_1 と α_2 が同時に 0 ではないときに $\alpha_1 x_1 + \alpha_2 x_2 = 0$ が成り立つということである．現実のサンプルを用いれば，このようなことが起きることはほとんど考えられない．つまり，ほとんどの場合はこれが成り立たない以上，得られた最小二乗推定量が適切かどうかはさておき「計算すれば求まる」という性質のものである．したがって，問題が起きるのは近似的に上の条件が成り立つ，つまり α_1 と α_2 が同時に 0 ではないときに $\alpha_1 x_1 + \alpha_2 x_2 \approx 0$ が成り立つ場合である．

ここで，$X^T X$ の i 行 j 列の要素を m_{ij}，$X'y$ の要素を m_{iy} とすれば，回帰係数は式（IV-19）のように得られる．

$$\hat{\beta}_1 = \frac{m_{22} m_{1y} - m_{12} m_{2y}}{m_{11} m_{22} - m_{12}^2}$$
$$\hat{\beta}_2 = \frac{m_{11} m_{2y} - m_{12} m_{1y}}{m_{11} m_{22} - m_{12}^2} \qquad \text{(IV-19)}$$

ここで，分母の $m_{11} m_{22} - m_{12}^2$ は行列式 $\det(X^T X)$ の値である．もし，二つの独立変数が「ほぼ」共変関係にあるのであれば，α_1 と α_2 が同時に 0 では

ないときに $\alpha_1 \boldsymbol{x}_1 + \alpha_2 \boldsymbol{x}_2 \approx 0$ であるから，先の行列式の値は0に近いものになる．つまり，各推定値の分母は0に近くなる．0ではないので，各推定値を計算することはできるが，分母が0の近傍ということは分子の微小な変化により各推定値は大きく変動するということにつながる．

先に述べた「回帰係数の符号が逆転する」といった現象は，この推定結果の大きな変動によるものである．また，たとえば，二つの独立変数間に強い正の相関があれば，一方の回帰係数は過大に，他方は過少に推定するはずである．これは，もともと一つの情報だったものを，二つに分けて説明しようとしているので，片方の「説明力」を大きくすれば，他方は小さくなるということである．このとき，一方があまりに過大・過小であれば，他方は符号を変えなければその効力を打ち消せなくなってしまい，回帰係数の符号が逆転するわけである．もちろん，回帰係数の符号の逆転が起きなくても，多重共線性により回帰係数の値が不適切になること（絶対値が小さくなるなど）は起こり得る．

回帰係数の推定において，直観に反する回帰係数の符号がみられると多重共線性を疑うことが多い．実際，独立変数間に共変関係が発見されることはしばしばある．しかし，直観に反する符号がみられればそのまま多重共線性を疑うというのはおかしい．上で述べたとおり，「本来であれば多重共線性の発生は逆行列が求められなかったであろうものが，何らかのノイズなどでたまたま求められてしまった場合」に多重共線性が発生すると考えるべきである．回帰分析を行うものの「思い込み」に反するからといって多重共線性があると決めつけるのではなく，「そもそもの問題設定に不適切なところがないか」「思い込み（前提）に誤りはないか」を真摯に検証することが重要である．

多重共線性を除去する対処としては，すぐ後に述べるVIFという統計量の高い説明変数（同じ値がある場合は，それらの説明変数のうち，有意性の低い（p値が一番高い）説明変数）を除去して再度回帰分析を行うことが一般的である．もちろん，現在使っている説明変数と相関関係がない（弱い）別の変数を使うことも可能である．また，多重共線性を引き起こす二つ以上の説明変数を統合した，新しい変数をつくることもしばしばなされる．この，変数の統合は主成分分析という手法としてまとめられている．しかし，どうしても独立

変数を減らしたくない場合は，回帰係数の不偏性をあきらめ，不偏ではないもののよい推定量を与える**リッジ推定**（リッジ回帰ともいう）[5]を行う場合もある．統計処理の専門ソフトウェアであればこれが行えるものもある．しかし，推定量の区間推定の範囲は最小二乗法を用いた時に最も小さくなることや，どの程度不偏性に目をつぶるかなどに恣意性が入り込むため，使用には検討を要する．

一般的には，共変関係が説明変数（の候補）の間にないことを，回帰分析を行う前に散布図や相関係数で確認しておくべきである．しかし，回帰分析を行った後でこうした問題が起きていないことを確認する，あるいは多重共線性に起因する問題が起きていると考えられるときに変数のどれが問題を起こしているのかを調べる必要が出てくる場合がある．

多重共線性の有無を検証する方法のうち広く使われているものとして VIF (Variance Inflation Factor) という指標がある[6]．ほとんどの統計処理専門ソフトウェアでは自動的に計算してこれを算出する．これは説明変数ごとに計算される指標で，一般に VIF が 10 以上になる説明変数は多重共線性を引き起こしている可能性があると判断する．この場合は，以下に示す手順で説明変数の選択について再検討を行う必要がある（「説明変数の選択を変えなければならい」という意味ではない）．

なお，VIF が大きいからといって即座に多重共線性の存在と説明変数の削除をすることは危険である．これに関して，VIF を用いる際の注意点は O'Brien (2007)[7] にまとめられている．

VIF は，各説明変数を被説明変数とし，ほかの説明変数で回帰分析して得られる回帰式の決定係数を 1 から引き，それの逆数を取った値である．

例として，札幌市の 10 区について，区別の年間商品販売額を被説明変数 (Y)，事業所数 (X_1) と従業者数 (X_2) を説明変数として回帰分析を行ってみよう．データは平成 23 年度のものである（表 IV-6）．

結果として式 (IV-20) が得られる．

$$\hat{Y} = -615009 + 1169.859 X_1 - 23.686 X_2 \qquad \text{(IV-20)}$$

表 IV-6 札幌市の年間商品販売額・事業所数・従業者数[8]

区	事業所数	従業者数(人)	年間商品販売額(百万円)
中央区	4,977	50,565	4,318,873
北 区	1,805	18,887	742,176
東 区	2,144	23,925	849,348
白石区	1,786	20,084	993,306
厚別区	704	8,894	284,713
豊平区	1,345	13,325	362,019
清田区	595	7,808	267,217
南 区	720	6,733	109,529
西 区	1,528	16,867	684,845
手稲区	719	7,937	187,845

修正済み決定係数は 0.931 と高いが，事業所数 (X_1) と従業者数 (X_2) の回帰係数の p 値はそれぞれ 0.33 と 0.84 となり，有意性は認められない．また，回帰係数の符号を見ると，従業者数の回帰係数が負となっている．一般的には，従業者数が多ければむしろそのエリアの販売額は大きくなるはずであろう．回帰式の有効性はかなり疑わしい．

ここで，事業所数の VIF を求めるため，事業所数 (X_1) 被説明変数，従業者数 (X_2) を説明変数として回帰分析を行うと，以下の回帰式 (IV-21) が得られる．

$$\hat{X}_1 = -103.631 + 0.099 X_2 \qquad \text{(IV-21)}$$

決定係数は約 0.994 となる．したがって，VIF は式 (IV-22) で求められる．

$$\text{VIF} = \frac{1}{1-R^2} = \frac{1}{1-0.994} \approx 175.95 \qquad \text{(IV-22)}$$

VIF が 10 を超えているため，多重共線性の原因となっていることが疑われる．

なお，今回は元の説明変数が二つのみなので，他方（従業者数）の VIF も同じになる．

そこで，元の回帰分析で有意性のもっとも低かった従業者数を外して回帰分析を行うと，式 (IV-23) のようになる．

$$\hat{Y} = -641973 + 932.402 X_1 \qquad (\text{IV-23})$$

決定係数は 0.946,回帰係数の p 値は 2.36×10^{-6} であり,有意である.したがって,札幌市の区別の年間商品販売額を被説明変数 (Y) とする回帰分析は,元の重回帰分析でより p 値の低かった事業所数 (X_1) のみを説明変数とすることが適切であると判断できる.

SPSS の場合,初めから VIF を確認する手段がある.回帰分析の設定画面で「統計」ボタンを押すと「共線性の診断」というチェックボックスがある(図 IV-5).これにチェックを入れると,通常の出力に加えて表 IV-7 に示す VIF が表示される.

各説明変数の行の右端に VIF が現れるので,これを参考にして多重共線性の発見を行うことができる.

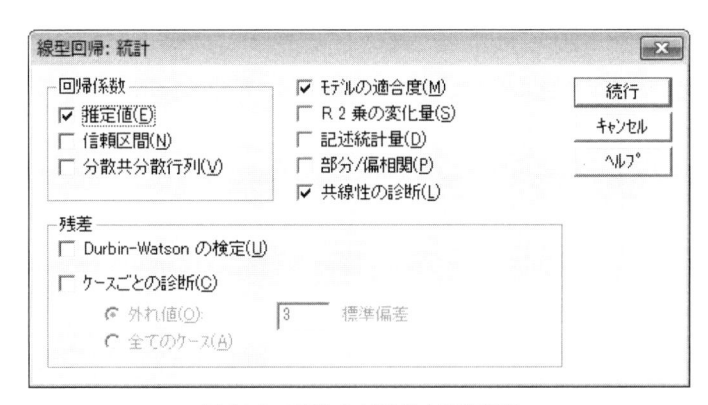

図 IV-5 SPSS の VIF 出力指定画面

表 IV-7 SPSS の多重共線性関係の情報表示画面

係数 a

モデル	非標準化係数		標準化係数 ベータ	t	有意 確率	共線性の統計量	
	B	標準誤差				許容度	VIF
1 (定数)	-615009.3	212826.433		-2.890	0.023		
事業所数	1169.859	1112.421	1.220	1.052	0.328	0.006	175.950
従業者数	-23.686	110.647	-0.248	-0.214	0.837	0.006	175.950

a. 従属変数:年間商品販売額(百万円).

6. 属性の有無を回帰式に組み込む：ダミー変数

これまでの分析はすべて「量」，正確には比率尺度や間隔尺度を説明変数のデータとして扱ってきた．しかし，これに加えて「ある属性をもつか否か」を回帰分析にもち込むことで，いっそう説明力が増す場合がある．このような，特定の属性をもつか否かを示す変数を「**ダミー変数**」とよぶ．ダミー変数は0か1の値のみを取るものとする．他の値や0と1の間の値はとらない．つまり，ある属性をもつものを1，もたないものを0とする．

ここで，0と1の間に量的な関係はない．つまり1という量を減らすと0になるというものではない．あくまでも特徴を表すフラグとしてのみ利用する．また，三つ以上の属性の扱いも複数のダミー変数を使うことで可能である．この場合，ありえる属性の数から1を減じたものがダミー変数の個数である．属性の数と同じ数（あるいはそれ以上）のダミー変数を用意すると，回帰係数の推定が正しく行えない（多重共線性）ので，注意が必要である．

具体的な例として，個人に関するデータの中で「性別」と項目がある時，「男性という属性を持つもの」には1，「男性という属性をもたぬもの」（おそらく女性）は0を割り当てる．先に述べたとおり，ダミー変数の表す内容に量的関係はないので男性のほうが何かが多いという意味ではない．

同様に，ABO式血液型も扱うことができる．「A型という属性をもつもの」「B型という属性をもつもの」「O型という属性をもつもの」を1とするダミー変数を三つ用意すれば，AB型はすべてのダミー変数が0であるということで表現できる．先に述べたように，あり得る属性（A, B, O, AB）の数から1を減じた数のダミー変数で表現可能であることがわかる．

実際に利用した例として，先にも使った大口電力使用量について，今度は西暦年を説明変数とする回帰分析をしてみよう．もちろん，年数によって使用量が影響を受けるということは考えられないが，少なくとも今日までの時代を経るにしたがってエネルギー消費が増えてきているのは事実なので，このような回帰分析は十分可能である．この場合，西暦年数に乗じられる回帰係数は1年

あたりの変化量というとらえ方もできる．

電力使用量のデータは，本書執筆時点までに 2011 年分まで公開されている．表 IV-8 が追加分のデータである．

表 IV-8 電力データの追加分[9]

西暦年	電力使用量 (MWh)
2008	281,567,964
2009	260,869,475
2010	280,397,606
2011	271,514,892

このデータを前にあげた 1992 年からのデータと合わせて，説明変数を西暦年，被説明変数を電力使用量として回帰分析をすると表 IV-9 のようになる．

表 IV-9 Excel による回帰分析結果

概　要

回帰統計	
重相関 R	0.759702
重決定 R2	0.577147
補正 R2	0.553655
標準誤差	9240633
観測数	20

分散分析表

	自由度	変動	分散	観測された分散比	有意 F
回帰	1	2.1E+15	2.098E+15	24.56793966	0.000102
残差	18	1.54E+15	8.539E+13		
合計	19	3.63E+15			

	係数	標準誤差	t	P-値	下限 95%	上限 95%
切片	-3.3E+09	7.17E+08	-4.586484	0.000228954	-4.8E+09	-1.8E+09
西暦年	1776132	358336.4	4.9566057	0.000101993	1023295	2528969

決定係数は 0.58 程度と，あまり高いとはいえない．実は，2007 年までは経済が成長基調であったのに対して，2008 年 9 月には「リーマン・ショック」と呼ばれるアメリカの投資銀行 Lehman Brothers Holdings Inc. が経営破たんしたことに端を発する世界的な不況があり，日本の企業もその影響を受けていたのである．電力消費量の推移をグラフで示すと図 IV-6 のようになる．

明らかに 2008 年以降はそれまでの昇り調子基調と状況が異なる．こういう

6. 属性の有無を回帰式に組み込む：ダミー変数

図 IV-6　電力使用量の推移

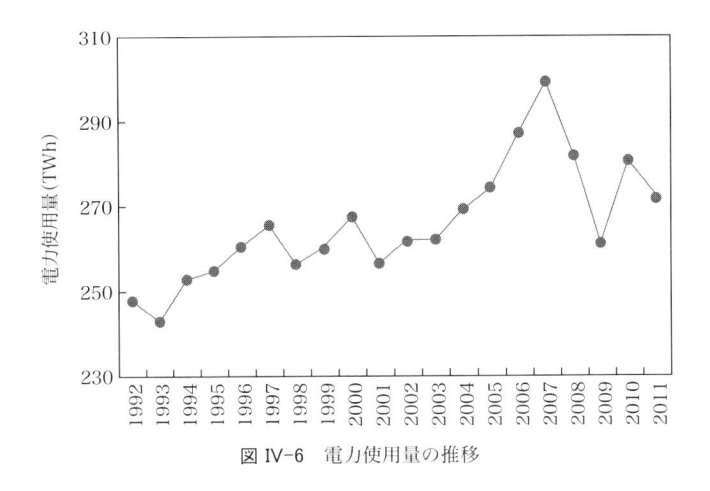

こともあるので，データが手に入り次第すぐに数式処理を行うのではなく，一度グラフなどで視覚化してみることが大切である．

ここでリーマン・ショック後か否かで属性が変わると考えてみよう．そうすることで，ダミー変数を使って「状況が異なる」ことを扱うことができる．リーマン・ショック以降のデータは 1，それ以前は 0 という「リーマンショックダミー」をデータに加える．なお，Excel の場合，説明変数はすべて隣り合っている必要があるので，西暦年の右に 1 列挿入して個のダミー変数を加える．

表 IV-10　リーマンショックダミーを加えたデータ

西暦年	リーマンダミー	電力使用量(MWh)	西暦年	リーマンダミー	電力使用量(MWh)
1992	0	247,517,999	2002	0	261,383,562
1993	0	242,446,833	2003	0	261,866,653
1994	0	252,433,288	2004	0	269,070,584
1995	0	254,736,846	2005	0	273,792,774
1996	0	260,241,202	2006	0	287,159,751
1997	0	265,321,651	2007	0	299,263,433
1998	0	256,101,200	2008	1	281,567,964
1999	0	259,730,105	2009	1	260,869,475
2000	0	267,045,742	2010	1	280,397,606
2001	0	256,372,808	2011	1	271,514,892

西暦年とダミー変数（リーマンショックダミー；表中ではリーマンダミー）を説明変数，電力使用量を被説明変数として回帰分析を行った結果は表IV-11のとおりである．

表IV-11 ダミー変数を用いた回帰分析の結果（Excel）

概　要

回帰統計	
重相関 R	0.821355
重決定 R2	0.674624
補正 R2	0.636344
標準誤差	8340872
観測数	20

分散分析表

	自由度	変動	分散	観測された分散比	有意 F
回帰	2	2.45E+15	1.23E+15	17.62360887	7.17E-05
残差	17	1.18E+15	6.96E+13		
合計	19	3.63E+15			

	係数	標準誤差	t	P-値	下限 95%	上限 95%
切片	-4.7E+09	8.98E+08	-5.22735	6.82901E-05	-6.6E+09	-2.8E+09
西暦年	2479122	449057.5	5.520724	3.74265E-05	1531694	3426551
リーマンダミー	-1.5E+07	6473479	-2.25675	0.03747807	-2.8E+07	-951171

　西暦年だけを説明変数にした場合よりも，補正された決定係数は上昇し，より説明力を増していることがわかる．

　もちろん，SPSSを利用しても同じ結果を得られる（表IV-12）．

　また，リーマン・ショックによってそれまでのとは質的に変わっているということが，リーマンショックダミーの有意性によって確認される．今回は有意水準を0.05とすると，P-値の欄（p値）が約0.037で有意水準を下まわるのでこの回帰係数は0ではない（有意である）と結論付けられる．このダミー変数が有意であるということは，リーマン・ショック前後でデータを生み出した構造に何らかの変更があったことを示唆している．なお，構造変化については次に述べるチョウ検定が使われることも多い．

表 IV-12 ダミー変数を用いた回帰分析の結果（SPSS）

投入済み変数または除去された変数[b]

モデル	投入済み変数	除去された変数	方法
1	リーマンダミー，西暦年[a]	．	投入

a. 必要な変数がすべて投入された．b. 従属変数：電力使用量．

モデル集計

モデル	R	R2 乗	調整済み R2 乗	推定値の標準誤差
1	0.821[a]	0.675	0.636	8340872.2

a. 予測値：(定数)，リーマンダミー，西暦年．

分散分析[b]

モデル		平方和	自由度	平均平方	F 値	有意確率
1	回帰	2.45E+015	2	1.23E+015	17.624	0.000[a]
	残差	1.18E+015	17	6.96E+013		
	全体	3.63E+015	19			

a. 予測値：(定数)，リーマンダミー，西暦年．
b. 従属変数：電力消費量．

係数[a]

モデル		非標準化係数		標準化係数 ベータ	t	有意確率
		B	標準誤差			
1	(定数)	4.69E+009	897892819		-5.227	0.000
	西暦年	2479122.5	449057.463	1.060	5.521	0.000
	リーマンダミー	-14609018	6473479.1	-0.433	-2.257	0.037

a. 従属変数：電力消費量

7. 構造変化の有無の検定

ある時を境に変数間の関係が変わってしまった可能性を疑う（あるいは確信する）ことは多い．関係に変更があったということを対立仮説に，なかったということを帰無仮説にして行う検定に**チョウ（Chow）検定**がある（**チャウ検定**とよばれることもある）．チョウ検定は，全期間を区別なく回帰分析した結果得られた残差の二乗和 S_0 と，変化前と変化後に分けて行った回帰分析により得られる残差の二乗和を比較することで検定する．期間を分けて期別に行った回帰分析で得られる残差の二乗和を合計し，S_1 とする．回帰係数（切片を含む）の数を k，サンプルサイズを T とする．この時，式（IV-24）で示す検

定統計量 F が F 分布 $F(k, T-2k)$ に従うことが知られている．

$$F = \frac{(S_0 - S_1)/k}{S_1/(T-2k)} \tag{IV-24}$$

先にみたリーマン・ショックと電力消費量でチョウ検定を行ってみよう．先のダミー変数の例でもデータを追加したが，ここではさらに名目 GDP も追加して実験しよう．表 IV-13 のデータを電力消費量のデータに追加する．

表 IV-13 電力データの追加[9,10]

西暦年	電力使用量 (MWh)	名目 GDP
2008	281,567,964	501209.3
2009	260,869,475	471138.6
2010	280,397,606	481784.5
2011	271,514,892	468191.1

Microsoft Excel の回帰分析機能では「分散分析表」中の「残差」の「変動」欄にある数が残差の二乗和である．なお，Excel の場合，LINEST 関数を 5 行 2 列の配列で答えを出させたときに一番下の右側に出る値を使うこともできる．

1992 年から 2011 年まで，名目 GDP を説明変数，電力使用量を被説明変数として回帰分析を行い，残差の二乗和を求めれば 3.55×10^{15} となる．SPSS の出力は指数表示がデフォルトなので，表 IV-14 のようになる（残差の行の平方和を見よ）．

表 IV-14 2011 年まで回帰分析した結果

分散分析[b]

モデル		平方和	自由度	平均平方	F 値	有意確率
1	回帰	8.02E+013	1	8.02E+013	0.406	0.532[a]
	残差	3.55E+015	18	1.97E+014		
	全体	3.63E+015	19			

a. 予測値：(定数)，名目 GDP． b. 従属変数：電力消費量．

この値は式 (IV-24) の検定統計量 F の中の S_0 にあたる．一方で，1992 年から 2007 年までのサンプルで回帰分析を行うと，残差の二乗和は 2.18×10^{15} となる（表 IV-15）．

表 IV-15　2007 年までで回帰分析した結果

分散分析 b,c

モデル		平方和	自由度	平均平方	F 値	有意確率
1	回帰	8.44E+014	1	8.44E+014	5.416	0.035[a]
	残差	2.18E+015	14	1.56E+014		
	全体	3.03E+015	15			

a. 予測値：(定数)，名目 GDP．　b. 従属変数：電力消費量．
c. 西暦年 ≤ 2007 に対するケースだけを選択．

また，2008 年から 2011 年のサンプルで回帰分析を行うと，残差の二乗和は 1.25×10^{14} となる（表 IV-16）．

表 IV-16　最後の 4 年間だけで回帰分析した結果

分散分析 b,c

モデル		平方和	自由度	平均平方	F 値	有意確率
1	回帰	1.52E+014	1	1.52E+014	2.434	0.259[a]
	残差	1.25E+014	2	6.23E+013		
	全体	2.76E+014	3			

a. 予測値：(定数)，名目 GDP．　b. 従属変数：電力消費量．
c. 西暦年 ≥ 2008 に対するケースだけを選択．

これらを合計した 2.30719×10^{15} が，式 (IV-24) の検定統計量 F の中の S_1 にあたる．回帰係数の個数 k は 2，サンプルサイズは 20 である．式 (IV-24) の定義式に従って検定統計量を求めると 4.325 となる．これに対応する p 値は 0.031 であり，有意水準 0.05 のもとで，2007 年までと 2008 年以降で構造（説明変数と被説明変数の関係）に変化があったと判断される．

8. 変数選択：ステップワイズ法

重回帰分析を行うときに「どの変数を説明変数に採用するか」は，きわめて微妙な問題である．分析者が何を根源的な要素と考えているかによって変わ

り，その変数が多ければそれなりに当てはまり具合はよくなる．コンピュータやネットワークが普及する以前と異なり，今日においてはデータがあふれかえっており，分析者としてはこの説明変数の変数選択を自動化する，あるいはせめて一般化されたプロセスがあることを願うことは多い．

そこでさまざまな変数選択法がこれまでに提案されてきた．多く使われているのは**ステップワイズ法**とよばれるものである．これは，説明変数を増やしてみて「不具合がなければ採用，不具合があれば不採用，すでに採用した説明変数のうち役に立たないものは不採用」という判断を繰り返し行い，変数を選択するというものである．

ここでは Draper & Smith (1998)[11]-p.335 で示されている方法を説明する．具体的には初めに一つの説明変数を仮に選択して回帰分析を行う．この変数選択は，被説明変数ともっとも高い相関をもつ（相関係数の絶対値がもっとも大きい）変数にする．

次に，最初に選んだ説明変数とは別の一つの変数を説明変数に加えて重回帰分析を行う．調整済み決定係数が高くなることがまず必要である．そうでなければ，説明変数を追加した意味がない．それを確認した後，有意性の検定を行う．これは先に述べた重回帰分析の検定と同じく行う．このとき得られる各説明変数の t 値を二乗すると，**偏 F 値**（partial F value）が得られる．この値は，第1自由度が1，第2自由度がサンプルサイズと回帰係数（切片を含む）の数の差の F 分布に従う．これを使って，切片以外のすべての説明変数について有意性を検定する．有意ではなく，かつ偏 F 値が一番小さい変数を，説明変数から外す．もし複数の変数が有意でなくなっていても，説明変数の候補から外すのは偏 F 値が最小のもの一つのみである．これを繰り返して説明変数を選択する．

Excel にはステップワイズ法をはじめとする変数選択の機能はないが，SPSS などの統計専門ソフトウェアはこのプロセスを自動化する機能をもっているものが多い．しかし，重要なのは計算機に説明変数を選ばせることではなく，むしろ分析者がどのような問題設定をしているのか，そしてそのために何が説明変数として選択されたかである．こうした検討なしに変数選択を行うことは，

表 IV-17　アジア各国の若年出産割合・教育期間・1 人あたり名目 GDP・平均寿命 [12,13]

No.	国名	若年出産率（女性 15 歳以上 20 歳未満千対）	教育年数（年）	1 人あたり名目 GDP（アメリカドル）	平均寿命（歳）
1	バングラデシュ	0.789	8.1	674.9316	68.6
2	ブータン	0.502	11.0	2,183.4423	66.8
3	中　国	0.084	11.6	4,432.9636	73.2
4	インド	0.863	10.3	1,375.3843	65.1
5	インドネシア	0.451	13.2	2,951.6991	68.9
6	日　本	0.050	15.1	43,063.1364	83.2
7	韓　国	0.023	16.9	20,540.1769	80.5
8	ラオス	0.390	9.2	1,158.1300	67.1
9	マレーシア	0.142	12.6	8,690.5702	74.0
10	ネパール	1.034	8.8	534.5220	68.5
11	パキスタン	0.316	6.9	1,016.6144	65.2
12	フィリピン	0.541	11.9	2,140.1216	68.5
13	シンガポール	0.048	14.4	41,986.8258	81.0
14	スリランカ	0.236	12.7	2,400.0156	74.8
15	タ　イ	0.433	12.3	4,613.6809	74.0
16	ベトナム	0.268	10.4	1,224.3145	75.0

厳に慎まれるべきである．

　以下にステップワイズ法の手順を，実際のデータを使って説明する．表 IV-17 は 2010 年のアジア各国における若年出産割合（15 歳以上 20 歳未満の女性 1,000 人あたりの出産数），平均教育期間（年），1 人あたり名目 GDP（アメリカドル），平均寿命である（1 人あたり名目 GDP は世界銀行[12]，ほかは国連開発計画[13] の公表データである）．

　ここでは，平均寿命を被説明変数，他のどれかを説明変数とすることでステップワイズ法により変数選択を行う手順を示す．先に述べたとおり，このプロセスは専門ソフトウェアでは自動化されているが，ここではプロセスを追うためにあえて上記プロセスに従って計算した．

　まず，平均寿命と他の変数との相関係数を求める．すると，若年出産率・教育年数・1 人あたり名目 GDP の順で −0.72908, 0.804333, 0.817572 であった．そこでもっとも高い相関をもつ 1 人あたり名目 GDP を最初の説明変数候補として採用する．なお，この段階ではあくまでも「候補」であり，あとのプロセスで説明変数から外される可能性がある．1 人あたり名目 GDP による単

回帰の結果は，決定係数 0.681 で，回帰係数は有意水準 5%（以下同様）のもとで有意であった．

続いて，1 人あたり名目 GDP と残り二つの変数のそれぞれを使って重回帰分析を行う．なお，偏 F 値は t 値を二乗したものである．したがって，分析ツールを使わなくても Excel の LINEST 関数で配列出力して，出力データの 1 行目の値（回帰係数）を 2 行目の値（回帰係数の標準誤差）で割った値（t 値）の二乗を出せば偏 F 値を得られる．その結果，次のようになる．（なお，$F(1, 13, 0.95) = 4.67$ である）．

- 説明変数に 1 人あたり名目 GDP と若年出産率を使用した場合：調整済み決定係数は 0.773，回帰係数は有意．若年出産率の偏 F 値は 5.322 で有意．
- 説明変数に 1 人あたり名目 GDP と教育年数を使用した場合：調整済み決定係数は 0.791，回帰係数は有意．若年出産率の偏 F 値は 6.821 で有意．

ちなみに，どちらの場合も初めから説明変数候補にあげていた 1 人あたり名目 GDP の回帰係数も有意であった．

この場合，教育年数の偏 F 値が若年出産率のそれよりも大きいので，二つ目の回帰係数候補は教育年数となる．

次に，残りの変数である若年出産率を説明変数に追加して重回帰分析を行う．すると，決定係数は 0.826 と上昇するが，検定内容に問題がある．まず，若年出産率と教育年数が t 検定で有意とはいえなくなる．また，ステップワイズ法で注目する若年出産率の偏 F 値は 2.434 であり，有意とはいえない（$F(1, 12, 0.95) = 4.75$ である）．したがって，若年出産率は回帰係数に加えない．なお，教育年数の偏 F 値も下がって（3.614），有意ではなくなっている．しかし，一度に説明変数候補から削除するのは F 値が最小のもの一つだけなので，今回は回帰変数候補に残す．

この結果一つ前のステップで得られた結果と同じなので，今回の分析では説明変数に 1 人あたり名目 GDP と教育年数の 2 変数を採用すると結論する．

なお，SPSS はステップワイズ法を自動的に実行して回帰式を求めることができる．それは回帰分析の設定画面（図 IV-7）で「方法」をステップワイズ法

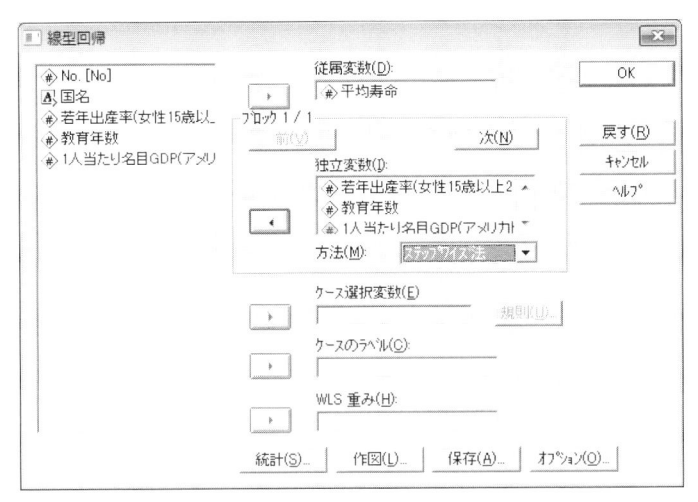

図 IV-7 SPSS のステップワイズ法選択画面

にすることで可能である．

この結果得られる回帰式の説明変数は，表 IV-18 の最初の「投入済み変数または除去された変数」の表で，上から下に見ていったときに投入されてあと除去されていない変数が使われる．今回は Excel の結果と同じく，説明変数に 1 人あたり名目 GDP と教育年数の 2 変数を採用すると結論する．

回帰係数は，「係数」の表を見る．二つモデルがあるが，ステップワイズ法を実施した順にモデルの番号が振られる．今回は 2 プロセスで終了したので，モデル 2 をみるとステップワイズ法により変数選択した場合の回帰係数がわかる．この結果，得られた回帰式は被説明変数を $\hat{Y}$，説明変数のうち 1 人あたり名目 GDP を X_1，教育年数を X_2 として表すと式 (IV-25) のようになる．

$$\hat{Y} = 58.884 + 0.00021X_1 + 0.988X_2 \qquad (\text{IV-25})$$

1 人あたり名目 GDP の回帰係数はきわめて小さいが有意水準 0.05 で有意である．また，標準化した回帰係数は 0.514 で，むしろ教育年数よりも説明に大きく寄与しているといえる．

ステップワイズ法は問題の背景とは無関係に，数量のみで変数の取捨選択

表 IV-18 ステップワイズ法により変数選択した結果の出力

投入済み変数または除去された変数[a]

モデル	投入済み変数	除去された変数	方法
1	1人あたり名目 GDP（アメリカドル）	.	ステップワイズ法（基準：投入する F の確率 ≤ 0.050，除去する F の確率 ≥ 0.100）.
2	教育年数	.	ステップワイズ法（基準：投入する F の確率 ≤ 0.050，除去する F の確率 ≥ 0.100）.

a. 従属変数：平均寿命.

モデル集計

モデル	R	R2 乗	調整済み R2 乗	推定値の標準誤差
1	0.825[a]	0.681	0.658	3.3606
2	0.889[b]	0.791	0.758	2.8243

a. 予測値：(定数), 1人あたり名目 GDP（アメリカドル）.
b. 予測値：(定数), 1人あたり名目 GDP（アメリカドル），教育年数.

分散分析[c]

モデル		平方和	自由度	平均平方	F 値	有意確率
1	回帰	337.073	1	337.073	29.847	0.000[a]
	残差	158.107	14	11.293		
	全体	495.180	15			
2	回帰	391.484	2	195.742	24.539	0.000[b]
	残差	103.696	13	7.977		
	全体	495.180	15			

a. 予測値：(定数), 1人あたり名目 GDP（アメリカドル）.
b. 予測値：(定数), 1人あたり名目 GDP（アメリカドル），教育年数.
c. 従属変数：平均寿命.

係数[a]

モデル	非標準化係数 B	標準誤差	標準化係数 ベータ	t	有意確率
1 (定数)	69.228	0.996		69.509	0.000
1人あたり名目 GDP（アメリカドル）	0.000	0.000	0.825	5.463	0.000
1 (定数)	58.884	4.048		14.546	0.000
1人あたり名目 GDP（アメリカドル）	0.00021	0.000	0.512	2.950	0.011
教育年数	0.988	0.378	0.455	2.612	0.022

a. 従属変数：平均寿命.

除外された変数[c]

モデル	投入されたときの標準回帰係数	t	有意確率	偏相関	共線性の統計量 許容度
1 若年出産率（女性 15 歳以上 20 歳未満千対）	−0.375[a]	−2.307	0.038	−0.539	0.658
教育年数	0.455[a]	2.612	0.022	0.587	0.531
2 若年出産率（女性 15 歳以上 20 歳未満千対）	−0.253[b]	−1.560	0.145	−0.411	0.553

a. モデルの予測値：(定数), 1人あたり名目 GDP（アメリカドル）.
b. モデルの予測値：(定数), 1人あたり名目 GDP（アメリカドル），教育年数.
c. 従属変数：平均寿命.

を行う．これにより，本来含まれるべき説明変数が除外されてしまうことや，あまり本質的には関係のない変数が説明変数に採用されてしまうこともあり得る．ビッグデータを扱うことが多い今日，変数選択法とその自動手続きは大変有用であることは否めない．しかし，分析者が分析のたびに問題の背景を深く洞察する必要があることはいくら強調してもしすぎることはない．

参　考　文　献

[I]
1) Everitt, B.S. & Rabe-Hesketh, S., "The Analysis of Proximity Data. Kendall's Library of Statistics 4", Arnold. (1997).
2) Treat,A,T & et al, Assessing Clinically Relevant Perceptual Organization with Multi-dimensional Scaling Techniques, *Psychological Assessment*, **14**(3), 239-252 (2002).
3) Kruskal,J.B., Multidimensional Scaling by Optimizing Goodness of fit to a Nonmetric Hypothesis, *Psychometrika*, **29**, 1-27 (1964).
4) Takane,Y.,Young, F.W. & De Leeuw,J., Nonmetric Individual Differences Multidimensional Scaling: An Alternating Least Squares Method with Optimal Scaling Features, *Psychometrika*, **47**,7-67 (1977).
5) Commandeur,J.J.F & Heiser,W.J., "Matematical Derivations in the Proximity Scaling (Proxscal) of Symmetric Data Matrices(Tech. Rep. No. RR 93-03) Leiden", The Netherlands: Department of Data Theory (1993).
6) Arabie,P.,Carroll,J.D. & Desarbo,W.S., "Three-way Scaling and Clustering, Newbery Park", CA: Sage (1987). 邦訳：岡太・今泉 (共訳),「3元データの分析」, 共立出版 (1990).
7) Carroll, J.D. & Chang, J.J., Analysis of Indivisual Differences in Multi-Dimensional Scaling via an N-way Generalization of Eckart-Young Decompossion, *Psychometrika*, **35**, 283-319 (1970).
8) 奥　喜正・前鶴政和, INDSCAL による重み係数を利用した市場細分化, 日本経営数学会誌, **28**(2) 61-72 (2007).
9) Meulman,J.J.,Heiser,W.J. & SPSS, "SpssCategories 10.0", Chicago:SPSS (1999).
10) Kier,H.A.L., Majorization as a tool for optimizing a class of matrix functions, *Psychometrika*, **55**, 417-428 (1990).
11) Borg,I & Groenen,P., "Modern Multidimensional Scaling: Theory and Applications, 2nd ed", Springer. (2005).
12) De Leeuw, J., Convergence of the Majorization Method for Multidimensional Scaling, *Journal of Classification*, **5**, 163-180 (1988).
13) 奥　喜正, ストレス1式による多次元尺度法 PROXSCAL アルゴリズムの適合度特性, 日本計算機統計学会第 24 回大会論文集, 49-53 (2010).
14) Bartholomew,D.J, Steele,F. Moustaki,I &Galbrath,J.I., "Analysis of Multivariate Social Science Data, 2nd ed"., Chapman & Hall/CRC (2008).
15) Rao,C.R.& Mitra,S.K., "Generalized Inverse of Matrices and its Application", Wiley (1971).
16) 朝野熙彦,「マーケティング・リサーチ工学」, 朝倉書店 (2000).
17) Krzanowski, W. J. & Marriott. F. H. C., "Multivariate Analysis Part1", Arnold (1994) .
18) 奥　喜正, 多次元尺度法 PROXSCAL アルゴリズムによる解の適合度 − ALSCAL との比較において−, 日本経営数学会誌, **32**, 1・2, 1-15 (2010).

[II]
1) 芝 祐順,「因子分析法, 第 2 版」, 東京大学出版会 (1979).
2) 佐武一郎,「線形代数 共立講座 21 世紀の数学」, 共立出版 (1997).
3) 足立浩平,「多変量データ解析法」, ナカニシヤ出版 (2006).
4) 奥喜正, 探索的因子分析と主成分分析との使用時における留意点, 日本経営数学会誌, **40**, 1・2, 9-16 (2021).

[III]
1) 佐和隆光,「回帰分析」, 朝倉書店 (1979).
2) Wooldridge, J., "Introductory Econometrics: A Modern Approach, 3rd Edition", South-Western Pub. (2005).
3) 総務省統計局,「統計でみる市区町村のすがた 2012」(A. 人口・世帯, E. 教育, J. 福祉・社会保障),
   http://www.e-stat.go.jp/SG1/estat/List.do?bid=000001039517&cycode=0
4) 総務省統計局「22-19 主要品目の東京都区部小売価格（昭和 25 年～平成 22 年）」『日本の長期統計系列』, http://www.stat.go.jp/data/chouki/zuhyou/22-19.xls
5) 厚生労働省「最新たばこ情報」(統計情報-販売本数),
   http://www.health-net.or.jp/tobacco/product/pd070000.html
6) Durbin, J., & Watson, G. S., Testing for Serial Correlation in Least Squares Regression, I., *Biometrika*, **37**, 409-428 (1950).
7) Durbin, J., & Watson, G. S., Testing for Serial Correlation in Least Squares Regression, II., *Biometrika*, **38**, 159-179 (1951).
8) Sargan, J.D., & Alok Bhargava, Testing residuals from least squares regression for being generated by the Gaussian random walk, *Econometrica*, **51**, 153-174 (1983).
9) Breusch, T.S., Testing for Autocorrelation in Dynamic Linear Models, *Australian Economic Papers*, **17**, 334-355 (1979). doi:10.1111/j.1467-8454.1978.tb00635.x
10) Godfrey, L.G., Testing Against General Autoregressive and Moving Average Error Models when the Regressors Include Lagged Dependent Variables, *Econometrica*, **46**, 1293-1302 (1978).
11) 電気事業連合会「電力業界共同データベース検索システム」,
    http://www5.fepc.or.jp/tok-bin/kensaku.cgi
12) 内閣府「統計表（国民経済計算確報）（名目 GDP・暦年）」,
    http://www.esri.cao.go.jp/jp/sna/data/data_list/kakuhou/files/h22/tables/22fcm1n_jp.xls および http://www5.cao.go.jp/j-j/wp/wp-je12/h10_data01.html
13) 国際通貨基金「Data and Statistics」, http://www.imf.org/external/data.htm
14) Cochrane & Orcutt, Application of least squares regression to relationships containing autocorrelated error terms, *Journal of the American Statistical Association*, **44**, 32-61 (1949).
15) Encyclopedia, Titanica, http://www.encyclopedia-titanica.org/
16) McFadden, D., "Conditional logit analysis of qualitative choice behavior". In *Frontiers in Economics*, P. Zarembka, eds. Academic Press (1974).
17) 松田憲忠・竹田憲史,「社会科学のための計量分析入門」, ミネルヴァ書房 (2012).
18) 浅野 哲・中村二朗,「計量経済学第 2 版」, 有斐閣 (2000).
19) 総務省統計局「人口推計」各年 10 月 1 日現在人口「年次」2012 年（表 3 と参考表 3）,
    http://www.e-stat.go.jp/SG1/estat/List.do?lid=000001109855

[WWW リソースは 2012 年 12 月 1 日アクセス]

[IV]
1) Akaike, H., A new look at the statistical model identification, *IEEE Transactions on Automatic Control*, **19**(6), 716-723 (1974). doi:10.1109/TAC.1974.1100705, MR 0423716
2) 総務省消防庁「平成21年8月の熱中症による救急搬送状況（都道府県別）」, www.fdma.go.jp/pdf/2009/1002/02_betten1.pdf
3) 総務省統計局「統計でみる都道府県のすがた 2012」(A. 人口・世帯，B. 自然環境), http://www.e-stat.go.jp/SG1/estat/List.do?bid=000001036889&cycode=0
4) 総務省統計局「人口推計（平成 21 年 10 月 1 日現在）」, http://www.e-stat.go.jp/data/jinsui/2009np/zuhyou/05k21-3.xls
5) Hoerl, A. E., Application of ridge analysis to regression problems. *Chemical Engineering Progress*, **58**, 54-59 (1962).
6) Marquardt, D. W., Generalized Inverses, Ridge Regression, Biased Linear Estimation, and Nonlinear Estimation, *Technometrics*, **12**(3), 591-612 (1970).
7) O'Brien, R. M., A Caution Regarding Rules of Thumb for Variance Inflation Factors, *Quality and Quantity*, **41**(5), 673-690 (2007).
8) 札幌市「札幌市統計書（平成 23 年度版）商業」, http://www.city.sapporo.jp/toukei/tokeisyo/documents/06-03_5.xls
9) 電気事業連合会「電力業界共同データベース検索システム」, http://www5.fepc.or.jp/tok-bin/kensaku.cgi
10) 内閣府「統計表（国民経済計算確報）（名目 GDP・暦年）」, http://www.esri.cao.go.jp/jp/sna/data/data_list/kakuhou/files/h22/tables/22fcm1n_jp.xls および http://www5.cao.go.jp/j-j/wp/wp-je12/h10_data01.html
11) Draper, N. R. & Smith, H., "Applied Regression Analysis, 3rd ed.," Wiley (1998).
12) 世界銀行「Data Catalogue」, http://data.worldbank.org/indicator/NY.GDP.PCAP.CD?order=wbapi_data_value_2010+wbapi_data_value&sort=asc
13) 国連開発計画「Human Development Report」, http://hdr.undp.org

[WWW リソースは 2012 年 12 月 1 日アクセス]

索　引

アルファベット

AIC →赤池情報量基準
Anderson-Rubin 法　52,63
Bartlett の球面性検定　54
BLUE →最良線形不偏推定量
CORREL　91,107
F 検定　127
INDEX　96
INDSCAL →個人差多次元尺度法
LINEST　95,96
Matrix Conditionality　25
MDS →多次元尺度法
MDS アルゴリズム　7
PREFSCAL →理想点モデル
PROXSCAL　25
PW 変換 →プレイスとウィンステンによる変換
p 値（p-value）　85
R^2（R2乗）　82,95
Rank　86
r 次元共通因子空間　61
SMC →重相関係数の平方
SPSS　93,100
STRESS →ストレス
SUMSQ　106
SUMXMY2　106
TINV　85
t 検定　83
VIF（Variance Inflation Factor）　138

あ　行

赤池情報量基準（AIC）　128
アフィン変換　78

一次結合　47
一次従属　48
一次独立　47
一致割合　115
一般化線形二乗法　100,107
因子寄与　60
因子得点　44
因子得点活用法　63
因子得点ベクトル　45,63
因子の不定性　58
因子負荷行列　45
因子負荷プロット図　62
因子負荷量　45
因子分析　43,47
　　——のモデル　44

重み付けのない最小二乗法　52

か　行

回帰係数　79
　　——の検定　83,127
　　——の推定値　115
回帰式　77,82,87
回帰直線　82
　　——の区間推定　89
回帰分析　77
　　階級と比率の——　119
階級　119
解空間　50
階数　47, 49
　　相関行列 R の——　54
階数分解　49
回転行列　58
解の退化　32
価格弾力性　98

索 引

仮説検定　83

棄却　85
擬似距離量　4,5
疑似決定係数　114
記述統計学　43
期待限界効果　116
期待値　86
基底　48
帰無仮説　85,94,127
共通因子　44,46
　　――の抽出　52
共通因子数　54
共通因子ベクトル　45
共通性　47,54
共分散　88
行列散布図　23
距離　3,5
寄与率　60

クルスカルの単調回帰　5
グループ　119
グループ集計　63

系統だった影響　79
計量的 MDS　3,4
計量的多次元尺度法　2,3,4
計量ベクトル空間　50
系列相関　100
決定係数　52,82
　　――の調整　128

広義の単調増加　5
広義の単調増加関係　14
交互最小二乗法　20
構造行列　69
構造変化の有無の検定　145
コクラン・オートカット法　107
誤差項　79,100
誤差ベクトル　126

個人差多次元尺度法（Individual Difference SCALing；INDSCAL）　18
古典的 MDS　3,36
個別空間　19
固有空間　50
固有値　47,50
固有値分解　51
固有ベクトル　50

さ　行

最遠隣法　35
最小二乗基準　51
最小二乗推定値　86
最小二乗法　3,80
　　重み付けのない――　52
採択　85
最尤推定量　86
最尤法　113
最良線形不偏推定量（Best Linear Unbiased Estimator；BLUE）　87
残差　78,79
　　――の二乗和　80
散布図　91

次元　49
市場細分化　63
斜交解　68
斜交回転　58
斜交回転法　69
主因子法　52,57
　　――の反復解法　57
重回帰分析　123
重決定 R2　95
重相関係数の平方
　　（Squared Multiple Correlation；SMC）　51
従属変数　77
自由度　84,89
自由度修正済み　128
自由度調整済み決定係数 R^2　128
自由度補正済み　128

主成分分析　60
順序尺度データ　4
初期因子負荷行列　46
　　——の回転　67
　　——の推定　67
初期布置　36
信頼下限　96
信頼区間　87,89,95
信頼上限　96

推定量　79
ステップワイズ法　147
ストレス（Standardized Residual Sum of Squares ; STRESS）　4
ストレス1式　4
ストレス2式　32

正規直交系　50
正規直交座標　50
正射影　61
製品マップ　17,44
説明変数　77
線形回帰分析　63
線形空間　47
線形変換　78

相関関係　85
相関行列　49
相関行列 R の階数　49
相関係数　91,107
属性型アンケートデータ　13
属性データ　10
ソルバー　114

た　行

対角化　47
対角化行列　51,56
対称行列　51
対数オッズ　112
対数尤度　113

対数尤度関数　113
対立仮説　85,94,127
多次元尺度法
　　（Multi Dimensional Scaling ; MDS）　1
　　非計量的——　2,3,4
多重共線性　125,135,141
ダービンの h 統計量　102
ダービン・ワトソン比　100,106
ダブルセンタリングメソッド
　　（Double Centering Method）　19
多変量正規分布　86
ダミー変数　141
単回帰分析　78
探索的因子分析　43
単純構造　57
弾性値　98
単調増加（広義）　5
単調増加関係　4
　　広義の——　14
弾力性　98

知覚マップ　17
チャウ検定　145
チョウ検定　145
超平面　61
直線の当てはめ　82
直交解　46
直交回転　58
直交行列　51
直交する　50
直交補空間　50

ディスパリティ　4
データエディタ　63

統計的仮説検定　83
同時予測区間の推定　89
独自因子　44,46
独自因子得点行列　45
独自行列　45

独立変数　77
トービットモデル　122

な 行

内積　50
なす角　50

ノルム（長さ）　50

は 行

パーセント点　94
バリマックス回転　52
バリマックス法（Variance Maximum）　58

非計量的　32
非計量的多次元尺度法　2,3,4
被説明変数　77
標準化係数　133
標準化データ　44
標準基底　48
標準誤差　95
比率尺度　112
非類似性データ
　　（dissimilarity data; proximity data）　1
非類似性データ量の距離への変換　3

不均一分散　119
布置（Configuration）　5
部分空間　48
不偏性　87
ブルーシュ・ゴッドフレイ検定　102
フルランク　86
ブレイク変数　63
ブレイスとウィンステンによる変換
　　（PW 変換）　108
ブロシュ・ゴドフレー検定　102
プロマックス回転　68
プロマックス法　59
分散　86
　不均一——　119

分散共分散行列　116,124,126
分析ツール　91

偏 F 値（partial F value）　148
偏差平方和　81
変数選択　147

ポジショニング分析　44

ま 行

ムーアペンローズ一般逆行列　39

名義尺度　112

や 行

有意確率　85,93
有意水準　85
尤度　113
尤度関数　86,113
尤度比検定　115
ユークリッド空間　3

予測下限　96
予測区間　87,89,95
予測上限　96

ら 行

ラグ付き　101

理想点モデル（PREFSCAL）　31
リッジ回帰　138
リッジ推定　138

累積寄与率　52,60

ロジスティック回帰分析　112
ロジット　112
ロジット変換　119

著者紹介

奥　喜正（おく　よしまさ）
流通経済大学流通情報学部 教授
1992 年　学習院大学大学院経営学研究科満期退学．
　　　　博士（医学）．
第 1 章，第 2 章執筆．

髙橋　裕（たかはし　ゆたか）
専修大学商学部 教授
1999 年　学習院大学大学院経営学研究科満期退学．
　　　　博士（経営学）．
第 3 章，第 4 章執筆．

データ解析の実際
——多次元尺度法，因子分析，回帰分析

2013 年 10 月 10 日　初 版 発 行
2016 年 9 月 10 日　第 2 刷発行
2023 年 8 月 10 日　第 3 刷発行

著　者　　奥　　喜　正　　©2013
　　　　　髙　橋　　裕

発行所　　丸善プラネット株式会社
　　　　　〒101-0051　東京都千代田区神田神保町 2-17
　　　　　電話(03)3512-8516
　　　　　http://planet.maruzen.co.jp/

発売所　　丸善出版株式会社
　　　　　〒101-0051　東京都千代田区神田神保町 2-17
　　　　　編集・電話(03)3512-3256
　　　　　http://pub.maruzen.co.jp/

組版　有限会社アイ・プラン／印刷・製本　大日本印刷株式会社

ISBN 978-4-86345-181-0 C 3041